U0174559

科学 小时读懂 1 AN HOUR

[英]迈克·弗里恩◎著 Mike Flynn

周鹏 李湛◎译

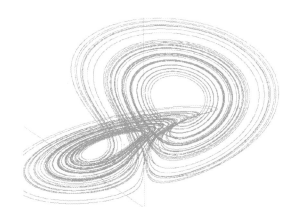

机械工业出版社
CHINA MACHINE PRESS

从古巴比伦人使用的六十进制到互联网时代的超文本标记语言，从计数棒到计算机，从牛顿运动定律到化学元素周期表，从欧几里得几何到分形几何，这是一本能够指导我们了解科学世界的指南。国际单位是如何定义的？什么是坐标系？π的小数点后有多少位？核裂变和核聚变有什么区别？哈勃定律是什么？大爆炸理论的证据是什么？什么是分形？通过介绍代数与三角学、物理与化学、计算机与数字化等知识，本书提供了一些令人眼花缭乱的实用信息来帮助你理解周围的世界。

Conceived and produced by Elwin Street Productions Limited
Copyright Elwin Street Productions Limited 2019
14 Clerkenwell Green
London EC1R 0DP
www.elwinstreet.com

北京市版权局著作权合同登记 图字：01-2020-0396号。

图书在版编目（CIP）数据

1小时读懂科学 /（英）迈克·弗里恩（Mike Flynn）著；
周鹏，李湛译. — 北京：机械工业出版社，2020.8（2024.5重印）
书名原文：The Pocket Book of Science
ISBN 978-7-111-66324-9

Ⅰ.①1… Ⅱ.①迈… ②周… ③李… Ⅲ.①自然科学－普及读物 Ⅳ.①N49

中国版本图书馆CIP数据核字（2020）第148017号

机械工业出版社（北京市百万庄大街22号 邮政编码100037）
策划编辑：韩沐言　　责任编辑：韩沐言
责任校对：黄兴伟　　责任印制：孙　炜
北京利丰雅高长城印刷有限公司印刷

2024年5月第1版第6次印刷
130mm×184mm·4.75印张·2插页·105千字
标准书号：ISBN 978-7-111-66324-9
定价：49.00元

电话服务　　　　　　　　网络服务
客服电话：010-88361066　机 工 官 网：www.cmpbook.com
　　　　　010-88379833　机 工 官 博：weibo.com/cmp1952
　　　　　010-68326294　金 书 网：www.golden-book.com
封底无防伪标均为盗版　机工教育服务网：www.cmpedu.com

目 录

数字与图形

数字的概念

什么是数字？它们是我们对客观世界的清晰表述。本质上，它们和语言类似，但又没有语言的模糊性。我们举一个用数字描述的简单例子：我们这儿有三个人还饥肠辘辘，但只剩两块披萨了。这句话告诉了我们三件事：第一，这个例子涉及的人数是 3；第二，剩下的披萨块数是 2；第三，除非有人愿意再出钱买些来，否则大家就得分着吃这剩下的两块披萨了。

计数棒

人们使用数字已经有很长的历史了，大约一万年前，新石器时代刚刚开始，第一根用来计数的小棍就出现了。

13 世纪英格兰的计数棒，1834 年威斯敏斯特宫大火的幸存物。这是人类使用数字的证据。

现在已知的最早的计数棒是一根狼骨。为了永久地留下记录，人们会在骨头上刻出垂直的简单标记，这些标记五个一组。（为什么是五个一组呢？大家试着掰掰手指头就知道了。）

这听起来好像不算什么。可是在当时那个寿命短暂而生活残酷的时代里，这可是人类发展的一个伟大进步。遗憾的是，在之后的 6000 年里，数字的发展没能取得更多的进步。

古巴比伦人和六十进制

大约公元前 2000 年，贸易的扩张促进了数学在古巴比伦、古埃及、古印度和中国的发展。

古巴比伦，也就是现在的伊拉克南部地区，正是当时重要的贸易枢纽地区，自然而然地，这个地区的数学取得了迅速发展。大约在公元前 1000 年，算术出现了。与此同时，还发展出了基础的代数，甚至产生了几何学的雏形。

当然，这并不意味着他们取得的成果都准确无误。古巴比伦人当时使用的计数方法是不太可靠的六十进制，这种方法现在已经几乎废弃了（虽然我们还习惯于用 60 来划分小时和分钟）。我们现在日常采用的计数方法，其基础实际上是来自中国人发明的十进制。

十进制

以 10 为基数的十进制采用 10 个数码（0、1、2、3、4、5、6、7、8 和 9）来代表和组成所有的数字。从 1 数到 9 后，如果希望再向后数一个数，那么我们需要把第一位换成 0，再左移一位写上 1 就可以了。这样，我们得到了一个两位数，10。

二进制

以 2 为基数的二进制的原理和十进制类似，但是一共只有两个数码，即 0 和 1。虽然当时没人能意识到，但是后来的发展证明在给计算机编写指令时，二进制是最合适的。计算机就好像在以极高的速度不断地回答"是"和"否"。在二进制代码中，1 就是"是"，0 就是"否"。有关二进制代码的详细介绍，请看本书第 150 页。

无穷大

有些数字大得超出了人们的想象，大到了连数学家也不愿一直数下去。当数学家确定某个数字可以无限变大的时候，他们就用"∞"，——长得像躺倒的"8"的符号来表示它。在本书第 14 页，我们可以看到一个小数点后无穷位的数字，即圆周率 π。

早期的数学

数学建立的标志可能是基数 10 的使用，以及概念"零"作为补位数的引入。虽然很难想象没有了这两个基础概念，计数会变成什么样子，但人们确实这么过了几千年。这种缺失阻碍了人类的发展。为了贸易，人们发明了算盘，这提供了一种解决思路。因为算盘这种工具，其设计的本身就暗含了类似于基数 10 的计数方法，而且它将"零"作为一个单独的数字。

数字体系的发展历史

时间	地点	发展
约公元前 8000 年（新石器时代）	欧洲中部（现捷克共和国）	第一次使用计数棒记录数量
约公元前 2400 年	苏美尔	位值制的出现
约公元前 1750 年	古巴比伦（现伊拉克南部）	用楔形文字记录数字
约公元前 1650 年	古埃及	用象形文字标注数字
约公元前 1550 年	中国	使用十进制；使用竹筹计数
公元前 500 年	古印度	第一次使用 0
公元前 300 年	古希腊	欧几里得著《几何原本》，该书共 13 卷
公元 100 年	中国	提出负数概念
公元 800 年	阿拉伯	代数学诞生
公元 1000 年	欧洲	印阿数字系统传入欧洲
1514 年	荷兰	第一次使用了现代意义上的 "+" 和 "–" 符号
1614 年	苏格兰	约翰·纳皮尔引入对数
17 世纪 30 年代	法国	解析几何出现
17 世纪 60 年代	英格兰	约翰·格朗特奠定了统计学的基础
17 世纪 60~70 年代	英格兰和德国	艾萨克·牛顿与戈特弗里德·莱布尼茨各自独立地提出了微积分
19 世纪 30 年代	德国	非欧几何出现
1975 年	法国	本华·曼德博提出分形几何
20 世纪 80 年代	美国	混沌理论应用在复杂系统中，比如天气

零

现代意义上对"零"的使用，可以追溯到代数之父穆罕默德·阿尔·花剌子模（约780—约850）。中国人虽然没有一个专门的符号表示零，但算盘的使用说明他们对零有一定概念。我们现在对零的使用，结合了印度-阿拉伯数字系统及其数字符号（0、1、2、3、4、5、6、7、8、9）以及零既作为一个补位数字，又作为一个单独数字的基本概念。印阿数字系统在第一个千年之际就经由贸易之路传入了欧洲，并且自此之后就始终占据了主导地位。

数学家使用"无穷小"来表达无限趋近于零但永远大于零的数值。虽然在真实的数字系统中这种无穷小并不存在，但早期微积分的发展有赖于无穷小这个概念的引入。

数字的类型

自然数

自然数是我们最常接触的数字，尤其是当我们计算数量时。我们会说，"我有1、2、3、4、5套西服"，而不是说"我有一定套数的西服"。一些数学家把数字0记作自然数，一些数学家不把0记作自然数。这曾引发数学界一场旷日持久的争论，许多数学家都加入了讨论。

整数

整数是诸如 1、2、3 之类的自然数以及它们相应的负数形式，比如 –1、–2、–3 等，还有 0。任意两整数之间的和、差，以及乘积所产生的结果都是整数。然而，当两整数相除时，其结果并不必然是整数。比如，整数 142 除以整数 5，其结果 28.4 就不是一个整数。

有理数

有理数是一个整数除以另一个非零整数得到的任意数值。有理数包括所有整数和分数。

无理数

无理数是不能被写成分数或有限位小数的数。最著名的无理数就是"π"。

有形数

可以排成有一定规律形状的数。古希腊人和中国人曾为此所吸引，探索出了一系列三角形数和正方形数，甚至八边形数和九边形数。

三角形数

一些数量的数字在用点表示时，很容易被排列成（等边）三角形，比如 3、6、10、15 及类推的数量，这些数字被称为三角形数。

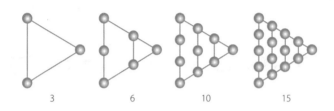

| 3 | 6 | 10 | 15 |

正方形数

正方形数（平方数）在用点表示时，可以被排列成正方形，比如 4、9、16 等。

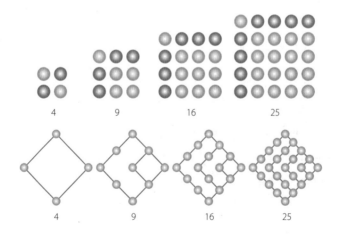

| 4 | 9 | 16 | 25 |

| 4 | 9 | 16 | 25 |

平方根

平方根和有形数没什么关系，不过，它有自己的符号——$\sqrt{\ }$。

如果你看见一个数字旁有一个小小的2出现在它右上方，比如，2^2，那就意味着这个数被平方了，也就是说，它要自己与自己相乘。

例如，3^2 指的是 3 乘以 3，也就是 9。3 与它自身相乘，得到的乘积为 9。那么反过来，9 的算术平方根是 3。以上过程可以写为

$$因为\ 3^2=3 \times 3=9,$$

$$所以\ \sqrt{9}=3。$$

因数和质数

一个整数如果可以被另外一个不为 0 的整数整除而没有余数，我们就把后者称为前者的因数。

埃拉托色尼筛选法

就算以公元前 3 世纪古希腊的严苛标准，埃拉托色尼也称得上是一位杰出的数学家和天文学家。他创造出了一种用理论上的"筛子"筛除掉所有非质数，而使剩下的数字都是质数的方法。

首先去除数字1，然后再去除数字2以及后面所有能被2整除的数字（如4、6、8），再去除3以及后面所有能被3整除的数字，再去除5以及后面所有能被5整除的数字，再去除7以及后面所有能被7整除的数字，以此类推，直至100。留在筛子中的，就是质数。埃拉托色尼，这个数学天才，也是第一个成功计算出地球周长的人。

比如，2 和 5 都是 10 的因数。因为 2 正好可以把 10 分成 5 份，而 5 正好可以把 10 分成 2 份。

然而有些数字只能被 1 和它自身整除，也就是说，这些数只有两个因数，这类数字叫质数，比如 2、3、5、7、11、13、17 等。

虚数

虚数的形式为"$a+b\mathrm{i}$"，b 是任意一非零实数，$\mathrm{i}^2 = -1$。

复数

虚数与实数的结合产生了复数。

π

这个符号读作"派"，有时也记作"pi"，源于希腊字母，表示圆周长除以直径后得到的数值。这个数字在几何学中极为重要，可以被用于计算圆的周长。知道圆的直径 d 后，我们只需要乘以 π，就可以得到圆的周长 C。由此，我们得到了圆周长的计算公式：$C = \pi d$。同样，我们可以通过半径 r 的平方乘以 π，得到圆的面积。圆面积公式写为：$S = \pi r^2$。

π 是个无理数。公元前 3 世纪之前，我们一直都用它的近似值 3。直到伟大的数学家阿基米德（就是那个著名的喊出了"我发现了！"的人），给出了更为精确的 π 值 3.14。公元 2 世纪，π 被进一步精确到了 3.1416。随着时间的推移，π 值的精确度也越来越高。

小知识 截至 2020 年，π 值精确到了小数点后约 50 万亿位。

分数

对于某些人来说，喝上一杯长岛冰茶就算是人间天堂了。忽略掉配料上的某些地区性差异，这种鸡尾酒大致由朗姆酒、杜松子酒、伏特加、龙舌兰酒和可乐调制而成。这五种成分各占原料的五分之一。这个数值就是一个分数，记作1/5。

这个分数告诉了我们两点重要信息：分子是 1，分母是 5。分数中下部的数字告诉我们，配料一共分为了几部分，称为分母。在这个例子中，鸡尾酒一共分为 5 份。分数中上部的数字告诉我们每部分占多少量，称为分子。如果我们只能喝掉这杯酒的五分之一的话，那最好祈祷我们喝的那部分不是可乐。

$^1/_5$ 可乐

$^1/_5$ 龙舌兰酒

$^1/_5$ 伏特加

$^1/_5$ 杜松子酒

$^1/_5$ 朗姆酒

小数

小数广泛地应用于计算和金融体系中。它使用 10 个不同的数码（0、1、2、3、4、5、6、7、8、9）进行组合，每个的意义由它所在的位置决定，有个位、十分位、百分位、千分位等。如果我们假设整杯酒为 1，每种成分则为 0.2，因为 $5 \times 0.2 = 1$。

小知识 罗马共和国时代，有一种维持军队纪律的方法叫作"十一抽杀律"。如果发生叛乱，受处罚的士兵会被分为每 10 人一组进行抽签，抽出 1 人处死。

百分数

在数学体系中，符号"%"代表了百分数。我们可以把数值处理成以 100 为分母的分数。

如果整杯长岛冰茶是 100%，五种配料的体积相等的话，那么龙舌兰就占整杯体积的五分之一，也就是 20%。

指数

用指数形式来表示数字，不仅仅是我们肉眼看到的那么多。它能赋予数字一种"力量"，其实际数值是我们肉眼所见的数字的连续乘积。比如数字 3^4，上角标的数字 4，是 3 的指数，其真正的数值是 $3 \times 3 \times 3 \times 3 = 81$。关于平方和立方，请见本书第 130 页。

对数

对数是指数的逆运算。常用对数表示的是以 10 为底的对数。比如，100 是 10^2，这也意味着 100 的以 10 为底的对数是 2。为了使用方便，人们制定了常用对数表。这使得复杂数字的乘法和除法变得简单。

10 的乘方

10 的乘方（幂次方）在表达大数的时候非常有用，能够避免我们写下一行又一行的 0。比如，10 的 1 次方（10^1）是 10；10 的 2 次方（10^2）是 100；10 的 3 次方（10^3）是 1000；以此类推。在指数前加上一个"–"号也可以表示特别小的数字。比如，10^{-2} 是 0.01。

小知识 地球的质量，一般用指数形式表达：5.978×10^{24} 千克。（展开来，是 5978000000000000000000000 千克。）

科学记数法

科学记数法通过 10 的指数来表示特别大或特别小的数值。事实上，没有了指数，我们几乎不可能进行复杂的运算。如果不用这种方式，就连计算太阳系的类地行星（水星、金星、地球和火星）的质量之和，都会因为过程中0太多而让人感到绝望。

3.302×10^{23} 千克 ＋ 4.868×10^{24} 千克 ＋ 5.978×10^{24} 千克 ＋ 6.422×10^{23} 千克
水星　　　　　　金星　　　　　　地球　　　　　　火星

维度

简言之，维度是在某个特定方向下测量的度。也就是说，一条线只有一个维度（长度）；一个平面，比如说这张纸，有两个维度，长度和宽度；而一个物体，比如这本书，就有三个维度，长度、宽度和高度。

二维图形的分类

三角形

三角形并不起源于数学，而是起源于艺术。三角形作为装饰，可以被追溯到大约公元前 3500 年苏美尔人制作的陶器上。在其他作用被开发之前，除了在神秘学和占星学上的重要意义，三角形首先被用于简单测量，并逐渐演化成几何学的重要基石。

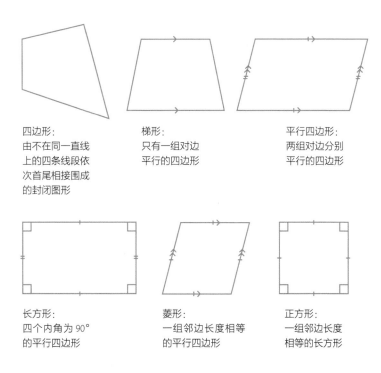

四边形:
由不在同一直线上的四条线段依次首尾相接围成的封闭图形

梯形:
只有一组对边平行的四边形

平行四边形:
两组对边分别平行的四边形

长方形:
四个内角为 90°的平行四边形

菱形:
一组邻边长度相等的平行四边形

正方形:
一组邻边长度相等的长方形

多边形

多边形是二维世界中的特例。三角形、正方形以及其他类似的图形都属于多边形。正多边形的边,长度相等,内角的大小也相等。等边三角形和正方形属于典型的正多边形。正多边形的边越多,就越接近于圆。多边形可以分为两大类:凸多边形和凹多边形。凸多边形所有的角都指向外部,凹多边形有一个或多个角指向内部。

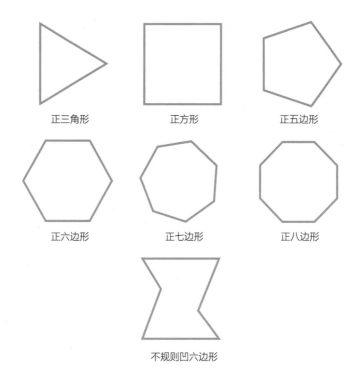

正三角形　　　　　正方形　　　　　正五边形

正六边形　　　　　正七边形　　　　　正八边形

不规则凹六边形

曲线

画曲线的一种方法就是追随一个点的移动轨迹。例如，画圆的方法就是，寻找一个固定点，然后追随一个移动点在与固定点距离相等的轨迹上移动。

数学家希帕蒂娅（约370—415），就以她在圆锥曲线领域内的成就著称。在前人阿波罗尼奥斯的基础上，她发现所有常见曲线都可以通过切割圆锥体得到。用这种圆锥曲线截取法，她成功截取了圆、椭圆、抛物线和双曲线。

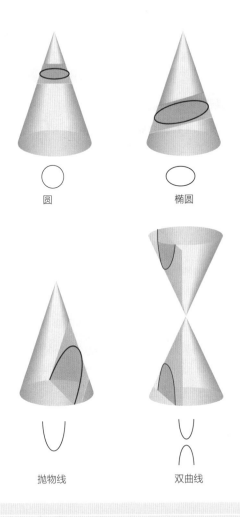

圆   椭圆

抛物线   双曲线

小知识 希帕蒂娅的死也和她在圆锥曲线方面的成就一样有名。据传因为参与政治和宗教斗争，有一天，她被一群暴徒拉下马车，拖进教堂，最终被折磨致死。

圆

圆的边被称为圆周。从圆心到圆周的距离被称为半径。半径是直径的一半。

用圆的周长除以圆的直径，我们就得到了一个无理数，π。对于任意一个圆，这个数值都一样，约等于 3.142。

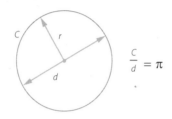

$$\frac{C}{d} = \pi$$

立体图形

立体图形的属性让数学家们研究了几个世纪。正多面体，由诸如正方形和正三角形之类的规则多边形演化而来。数学家迄今只发现了五种正多面体。

古希腊时代人们就发现了这五种正多面体，我们有时也称它们为"柏拉图立体"。这五种正多面体分别是：正四面体（由 4 个正三角形组成）、正方体（由 6 个正方形组成）、正八面体（由 8 个正三角形组成）、正十二面体（由 12 个正五边形组成）和正二十面体（由 20 个正三角形组成）。

球体

球体可以看作是三维立体的圆。球体表面任意一点到球心的距离都相等。和圆一样，这个距离被称作半径。同样，球体也有直径。通过直径切割球体，我们就能得到两个半球，而切割面就是一个圆。

关于球体，古希腊数学家阿基米德在 2000 多年前就得到了以下计算公式：

$$球体表面积 = 4\pi r^2$$

$$球体体积 = （4/3）\pi r^3$$

关于立体图形的表面积和体积，请见本书第 131 页。

棱锥

不同于四面体的是，典型埃及金字塔式的棱锥除了几个三角形面外，还有一个正方形面作为底面。如图所示，与底面平行切割金字塔棱锥体后，得到的依然是一个正方形。

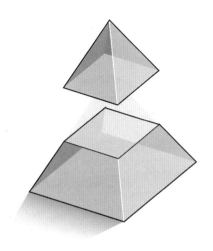

拓扑学

拓扑学是数学中一个有趣的分支。与其他数学分支不同，这个分支很年轻。拓扑学是研究几何图形或空间在改变形状后（例如被弯折、拉伸或是挤压）依然可以保持不变的一些性质的科学。举个简单的例子，我们可以想象一个圆形在被不断拉扯变形后，越来越像一个三角形。那么，先前的圆形和后来的三角形，我们就认为形成了拓扑等价。

哥尼斯堡七桥问题

拓扑学的起源来自哥尼斯堡七桥问题。18 世纪的德国，有一座叫哥尼斯堡的小城临河而建。河心有岛，通过 7 座桥与城相连。有人提出了一个问题：我们能否在不重复任何路线的前提下，一次性走完 7 座桥，并回到起始点。

大家不断地尝试，可是想不重复路线走完 7 座桥，再回到原点，一直没有人做到。

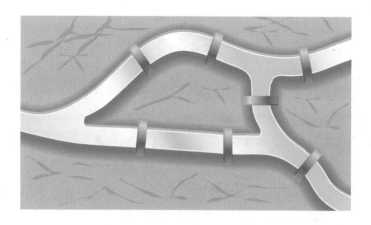

自己做一个莫比乌斯带

莫比乌斯带看起来像是埃舍尔的一幅画作，但在这个世界却真实存在。事实上，这个东西就曾长时间被当作机械工具的传动带。把一个长方形纸条的一头旋转180°，然后将两头粘起来，你就做出了一个自己的莫比乌斯带。

和成型前的长方形不一样，成型后的莫比乌斯带只有一个面，一条边。如果你把一条莫比乌斯带沿中央剪开，它依然是一个整体，而不会被剪成两半。1858年，德国的两位数学家奥古斯特·莫比乌斯和乔安·利斯廷各自独立发现并提出了莫比乌斯带的这些特殊属性。可是很明显，大家最后只记住了莫比乌斯。

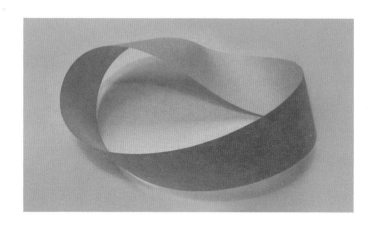

数字之美

神圣比例

有些东西看起来就让人舒服。比如你置身于一间摆放着

小知识 在拓扑学的神奇世界里，一个咖啡杯和一个与它拓扑等价的面包圈没什么区别。虽然一个装着咖啡，一个抹着果酱，但它们具有相同的拓扑结构。

整齐家具的房间，或是看到了一幅由各种点线构成的美妙画卷。虽然只有二维，但线条和形状对于构成画面至关重要，就算是那些想要营造出立体感的艺术家，也这样认为。慢慢地，艺术家们意识到，有些形状和构造会让人们感觉更舒服。

古典绘画强调局部与整体的完美平衡。这引起了数学家的注意。于是，文艺复兴时期的数学家卢卡·帕乔利曾写过一本叫《神圣比例》的书，在书中他将一条线段分成长短两截，较短一截与较长一截的比例和较长一截与整条线段的比例相等，这个比例大约是 8:13。这个观点据说影响了达·芬奇。

螺线

和三角形一样，人造螺线起源于艺术，早期主要是被凯尔特人用于装饰。第一个正式研究螺线的人是阿基米德，他提出了自己的螺线公式，阿基米德螺线极坐标公式：$P = a\theta$。其中 P 是极坐标，a 是常数，θ 是旋转量（或者，按照阿基米德的称呼，叫角速度）。

另一种螺线类型叫等角螺线或对数螺线，由 17 世纪的法国数学家笛卡尔提出。这种螺线在大自然中极为常见，在蜘蛛网里，在软体动物鹦鹉螺的壳上，都能找到与之惊人相似的曲线。花朵上也能找到螺线。巨大的向日葵花盘中，种子就是按照两组交叉螺线排列的，大部分向日葵花盘的种子在顺时针方向有 34 条螺线，逆时针方向有 55 条螺线。更为有趣的是，34 和 55 恰好也是斐波那契数列中的数字。

无可置疑的是，自然界中最大的螺线存在于太空。巨大的螺旋状星系在宇宙中彰显着自己瑰丽的美。

1995 年哈勃望远镜拍摄的旋涡星系 NGC 4414，这个星系距地球约 6230 万光年。

斐波那契数列

公元 1202 年，中世纪的意大利数学家斐波那契发现了一组有趣的数字，这组数字在自然界中也能找到对应。他起初是为了解决下面这个问题："如果一对兔子每个月能生出一对小兔，这对小兔从它出生后的第三个月起，又能开始生出一对兔子，假定在不发生死亡的情况下，由一对初生兔子开始，一年时间一共能繁殖出多少对兔子？"斐波那契发现，在前两个月，都只有一对兔子（1，1），第三个月，这对兔子可以生出另外一对兔子（1，1，2），以此类推。

这样就产生了一个数列，从第三项起数列中每一个数字都是其前两项数字之和，数列形式如下：1，1，2，3，5，8，13，21，34，55…这就是斐波那契数列。

让人吃惊的是，斐波那契数列在自然界中真实存在。我们在数花瓣的数量或是松果的节片时就能经常遇到（如下图所示）。就连菠萝也是斐波那契数列的一个活生生的例子，其表皮鳞片8列向左，13列向右。

数字的使用

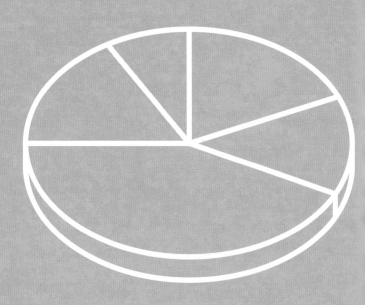

计量体系的发展

由于众所周知的原因，我们的身体，是我们进行测量时所能倚靠的最基础，也是最早的辅助工具。比如腕尺，就是手肘到指尖的距离。古时候，整个中东都用腕尺进行测量。

类似地，在测量重量时，人们也会参照自身或动物的体重。随着时间的推移，人们使用的这种粗糙的测量体系随着贸易活动的展开向西流传，传到了古希腊，又继续传入了罗马帝国。虽然中国独立于西方发展出了自己的测量体系，但在相同年代，其体系和地中海测量体系也大致相同。

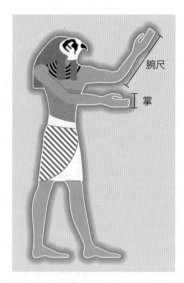

腕尺

掌

公元前 3000 年左右，古埃及人发明的腕尺是第一个标准测量单位。

古巴比伦测量法

已知最早的标准重量单位是古巴比伦人的"玛那"。古巴比伦地区用到的一种希伯来钱币"谢克尔"，也源自一种重量单位。古巴比伦人还有他们自己的腕尺，比古埃及腕尺长一些，约530毫米。他们还有一种针对液体的计量单位"咔"，等同于一个边长100毫米的立方体的体积。

古巴比伦人和古埃及人创立的这些计量体系慢慢地传到了古提人、亚述人、腓尼基人和希伯来人身边。但直到古希腊人统治了整个地中海的贸易，也就是公元前1世纪，才建立起真正的标准化计量体系。古希腊让位于古罗马之后，随着罗马帝国的扩张，改良后的古埃及计量体系传播到了更为广阔的地区。

罗马军队以能够在全甲披挂时每日行军20英里而著称，所以古罗马人以英尺作为计量体系的核心，也就不足为奇了。以人的脚长为基础，等分12份，每份叫作1英寸。5英尺是两脚各移动一次的长度，也叫一步。每1000步等于一罗马制英里，这是第一次出现这种标准化的长度。

古埃及测量法

公元前3000年左右，古埃及人创造了他们的长度测量单

小知识 虽然体型巨大，而且参与建造的施工人员成千上万，埃及吉萨大金字塔的每条边误差都在 0.05% 之内。

31

位——腕尺。当古埃及皇室使用巨大的黑色花岗岩腕尺校正统一所有民间腕尺时，第一个标准化测量单位就出现了。

1 腕尺被等分为 28 份。1 份的长度和一个手指的宽度近似。4 份的长度叫一掌，5 份的长度叫一手，14 份的长度就成了一拃。28 等分后可以继续细分，这样就得到了类似于分数的测量单位，最小的距离是 1 份的 1/16，换算过去就是一个皇家腕尺的 1/448。

虽然听起来还是不怎么可靠，但是古埃及人把这套测量单位用到了极致——他们造出了金字塔。

中世纪的测量单位：磅、码和英石

到了中世纪，在吸收了古埃及、古巴比伦和古希腊的计量体系之后，古罗马计量体系深深地扎根在了欧洲大地，当然，来自阿拉伯和斯堪的纳维亚地区的计量体系也多少留下了自己的痕迹。比如说，古罗马的基本重量单位，磅，就被写作了英磅，然而其简写 "lb" 还是反映了它的古罗马起源。

12~13 世纪，整个欧洲地区的商人往来和贸易活动极大

小知识 中世纪的税务官员为了记清谁该纳多少税，使用了一种记录布条（chequered cloth）。这种布条上有着类似算盘的格子。现在英国主管经济和金融事务的最高长官是财政大臣（Chancellor of the Exchequer），我们能从这个职务的名称上，感受这段历史。

地促进了度量衡的标准化。英国在 1215 年推出的《大宪章》
迈出了度量衡标准化的第一步，其影响一直持续到了之后将
近 600 年。1 码被规定为 3 英尺，1 英尺被规定为 12 英寸。
事情并不尽善尽美。当 1 英石被规定为 14 磅时，最终还是造
成了一些混乱（没人喜欢十四进制）。

英国人在统一计量体系这件事上没有热情，拖了很久。
直到 1963 年，议会才出台条令要求全民统一度量衡。这离《大
宪章》颁布已经过去了近 800 年，依然有人反对统一并简化
度量衡。

法国大革命：公制体系的诞生

1789 年的法国大革命在各个方面对世界都有着深远的影
响。在革命中，法国人引入了一种崭新而合理的度量衡体系。
1791 年，科学家集聚在一起，成立了专门的委员会研究度量
衡，并制定了后来被称为公制的度量衡体系。

1791 年，标准单位米出现了。1799 年，一套包含了米、克、
升的度量衡体系被法国正式采用。以十进制为基础，跟随拿
破仑的大军，法国的公制度量衡体系迅速传遍了欧洲。拿破
仑死后，公制度量衡体系依然不断传播。1868 年，日本采纳
了公制度量衡体系。1875 年，美国签署了《公制转换协议》，
主要用于科学研究。在民用领域，美国和英国一样，沿用老
旧的英制单位，因此，日常生活中经常出现混乱和困扰。

国际单位制

在公制体系推行期间，科学界取得了一个又一个的巨大进步。新引入的公制体系已经无法跟上科学的脚步，满足科学计量的需求了。

1960 年 10 月，国际计量大会在巴黎召开，会上通过了以公制体系为基础的国际单位制。自那时起，国际单位制就不断调整和修订。这个新的计量体系以不断进步的科学发现（例如人们发现并认识到了光在真空中恒定的速度）重新定义了标准度量衡体系，使其满足了更高的精度要求。一般说来，当出现了新的更加精确并统一的计量单位，旧的计量单位就会被取代。关于国际单位制，请见本书第 133~135 页。

时间的测量

自我意识是我们与其他动物的根本区别。我们意识到自己出生，意识到我们活着，意识到我们终将死去。我们能有

月相：新月、上蛾眉月、上弦月、盈凸月、满月、亏凸月、下弦月、下蛾眉月

这些意识，是因为我们能够感知时间。时间对于生命有着如此深刻的影响，只要有可能，我们就一定会想办法去测量时间，最起码，可以知道我们还能活多久。

就算在上古时期，人们也能注意到四季的轮转，日月星辰的移动和变换。早期的时间计量工具，就依赖诸如太阳之类的星体的相对位移。

日晷

公元前3500年左右就出现了最初形式的日晷。人们用一根棍子在仪表盘上投下影子，影子会随着太阳的移动而产生位移，这就是日晷。日晷在晴天有用，在阴雨天和夜晚就成了装饰品。

蜡烛

如果蜡烛能够以相对稳定的速度燃烧，那么它也能拿来记录时间。人们在烛身留下刻痕，大约一小时烧掉一个刻度。

摆钟

摆钟的出现标志着我们对时间的测量终于开始精准了。摆钟摆动一个周期所用的时间和它的摆动速度以及摆动路径的长短无关，其所用时间几乎不变。当摆钟越摆越慢时，它在一个周期内经过的路径和摆动的高度也随之减少。

石英钟

石英晶体被通上交流电时，每秒会产生上百万次振动。其振动频率恒定，所以可以被用来作为测量时间的工具。二十世纪三四十年代，随着石英技术的提高，石英钟的精度远超摆钟。

原子钟

原子钟是通过某些原子的固有共振频率来计算时间的，可以达到极高的精度。原子的能量转换产生规则脉冲，这种脉冲可以被观测、量化和计算。

现代国际标准单位中的 1 秒指的就是铯 –133 原子能量转换 9192631770 次所经历的时间。

格林尼治标准时间和国际标准时间

格林尼治标准时间（GMT）是根据格林尼治皇家天文台所处的 0° 经线位置计算出来的。其目的是为了避免世界各地不同的本地时间产生混淆。起初 00：00 GMT 指的是正午，但是 1925 年人们对这个时间做了修订，午夜成了一天的起始。可惜的是，并不是所有人都接受了这次修订，于是又一次出

现了混乱。1928 年，国际天文联合会决定用国际标准时间来
代替格林尼治标准时间，其目的仅仅是要在称呼上与格林尼
治标准时间区别开来。

天文学单位

直到最近，人们才意识到宇宙之大超出了人们的想象。
为了从数学概念上描述宇宙的大小，人们必须找到一种新的
测量方法。因为我们已知真空（大部分宇宙空间都可以被认
为是真空）中的光速，那么光在一定时间内传播的距离就可
以成为我们描述宇宙距离尺度的有效方式。

空间单位	定义
光速	299792 千米 / 秒
光年	光在 1 年里所传播的距离 =9.46073×10^{12} 千米
天文单位	地球到太阳的平均距离 =149597870 千米
秒差距	地球公转轨道半径对应发生 1 弧秒角的移动时到所参照的天体的距离 =3.26 光年
千秒差距	1000 秒差距
百万秒差距	1000000 秒差距

小知识 假如我们把一个太阳系的模型放在伦敦的温布尔顿中央
球场，太阳在球场的一端，冥王星在另一端。那么，按照同等比例，
离太阳最近的恒星比邻星，就应该在南非的约翰内斯堡。

太阳系的八大行星，距离太阳由近至远分别为：水星，金星，地球，火星，木星，土星，天王星，海王星。最外侧是降级为矮行星的冥王星。

计量理论

　　人类从诞生起，就有精确计量的需求。第一个提出计量理论的是古希腊数学家欧多克斯。欧几里得在他的著作《几何原本》中有明确记录。

　　随后计量体系不断发展。直至今日，从原子核中质子的数量到夜晚闪耀的群星的亮度，计量被广泛应用于各个领域。

科学计量

原子序数

　　原子序数是通过计算该原子核内所含质子的数量确定的。

比如，氢原子的原子核含有 1 个质子，所以氢原子的原子序数为 1。

相对原子质量

相对原子质量指以碳 -12 原子质量的 1/12 为标准，元素的平均原子质量与碳 -12 原子质量的 1/12 的比值，相对原子质量由原子核内所包含的质子和中子数量所决定。碳原子有 6 个质子和 6 个中子，所以它的相对原子质量为 12。

相对分子质量

把分子中所有原子的相对原子质量相加，就可以得到它的相对分子质量。大部分分子所含的原子数量都不多，但也有例外，比如一些橡胶分子就包含了超过 65000 个原子。

视星等

视星等用来度量从地球上观测到的星体亮度。天文学家将肉眼可见的星体分为 6 等，特别明亮的星体视星等为 1，非常暗淡的星体视星等为 6。

绝对星等

星体在距离地球 10 个秒差距（32.6 光年）时，我们观测到的亮度。

分贝

分贝（dB）体系，用以计量声音的强度。

分贝	声音等级
0	刚刚引起听觉的声音
10	风吹落叶的声音
20	窃窃私语的声音
30	卧室的声音
40	图书馆阅览室的声音
50	办公室的声音
60	正常交谈的声音
70	大声说话的声音
75	人耳舒适度的上限
80	街道环境的声音
105	永久损害听觉的声音
190	导致死亡

简单图表

饼状图

饼状图是描述数据的最简单易懂的图形之一。一个饼状的图形分割成若干部分，每个部分的大小代表了它描述的量值。在对有限的信息进行描述时，饼状图的表现尤为出色。比如，想知道"哪个年龄段的人特别喜欢看晚上9点钟黄金档的电视节目？"时，使用饼状图描述最为便捷。饼状图上所有部分所占比例的总值应该等于100%。

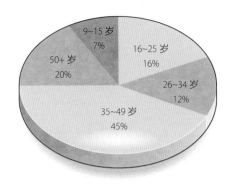

折线图

折线图可以展现的信息比饼状图多。因为，折线图多了横轴和纵轴。这样就方便了我们添加额外信息，一般来说，与时间相关的信息比较多见。一旦这些信息都被展示出来，如下图所示，信息点就可以用折线连接起来。

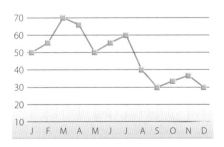

散点图

散点图实际上就是没有连线的折线图。我们只是把信息以点的形式绘制在图上。当大量的信息点汇集在一起时，我们常常有一种将它们用线连起来的冲动。如果我们这么做了，就把散点图变成了折线图。

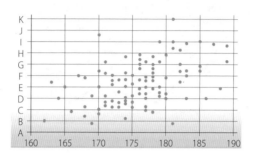

柱状图

柱状图以条状或柱状的图形描述信息。不同的高度或长度代表不同的数据。和折线图一样，柱状图常常以高斯曲线（见第 45 页）的方式将数据信息绘制在图上。

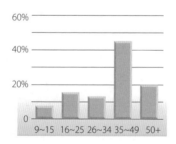

三维图形

技术的提升，尤其是它在运算和计算机图像处理方面的迅猛发展，使得绘制三维图形越来越简单。将计算机图像处理技术运用到拓扑学中就是个例子。另一个好例子是声波监视器。计算机图像处理技术使得我们可以在任意时间捕获声波"快照",展示在特定时间下的声波属性。也可以进行连续的监测让用户可以不断地读取声波的大小、形状和强度特征。

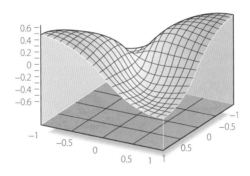

概率与统计

概率是数学的一个分支,专门研究可能性问题。波士顿红袜队夺得冠军的可能性有多大?人类移民火星的可能性有多大?这些问题促使我们对事件发生的概率进行研究。这些问题的答案,都在1(绝对没问题)和0(根本不可能)之间,绝大部分时候都以分数或百分数的形式出现。

概率,作为一种数学工具,常常用于统计学中。

统计学始于数据的收集,通过分析发展趋势,最终预测结果。通常,分析结果会以图表的形式展现出来,便于大家理解和解读。例如,将一组数据绘制成折线图后,我们很容易得出这组数据的平均水平。统计学家们用来描述一组数据的平均水平的概念不止一种。事实上，一般用算术平均数、众数和中位数这三个统计量来描述一组数据的平均水平。

算术平均数

将所有数据相加后，除以数据的总个数，就得到了这组数据的算术平均数。比如，你用宴会上喝掉的葡萄酒杯数除以到场的人数，就知道了平均每人喝了多少杯。如果不抠字眼的话，这就是大多数人所说的平均数。

众数

在一个集合中，出现频率最高的那个数字被称为众数。如果宴会上有 3 个人各自喝了 3 杯酒，2 个人各自喝了半杯，一个人喝了 2 杯，那么众数就是 3（杯）。

中位数

中位数是一组数据从大到小排列后，处于中间位置的数字。如果处于中间位置的数字有两个，那么中位数就是这两个数字的平均数。

高斯曲线

一般来说，围绕着平均水平对一组数据用折线图或柱状图进行描述，我们能得到一个特殊形状的曲线。这就是高斯曲线，它是围绕着平均水平的偏差而产生的曲线。

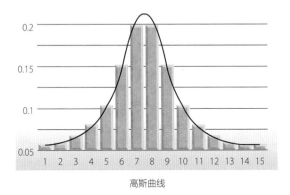

高斯曲线

袜子中的统计学

有一天你起晚了，要迟到了，还没来得及穿袜子。你面前的包里装的是干净的袜子，5 只黑色的，3 只灰色的，还有 2 只卡通袜子。不能把包掏空，你从包中随机拿取袜子。

抽出一只黑袜子，一只灰袜子，或是一只卡通袜子的初始概率分别是 5/10，3/10 和 2/10。你运气不错，第一次就抽到了一只黑袜子。这时你第二次依然能抽出一只黑袜子的概率变成了 4/9。同时，你抽出的还有可能是一只灰袜子，或是一只卡通袜子。为了计算出总概率，你必须把两个独立事件的概率相乘。当然，你也可以就这样直接把手伸进去随便拿一只袜子。

股票和恐慌

概率对于两种人至关重要：赌徒和股票经纪人。从本质上讲，这两种人干的基本上是同一件事。赌徒会研究赛马的历史战绩，研究今天的场地条件，研究骑手的状态，得出马匹胜出的概率，从而决定是否下注。股票经纪人做的工作也差不多，只不过，他们下的赌注要大得多，如果犯了错，后果也严重得多。

小知识 在统计学意义上，从 15 世纪末到第二次世界大战结束，每一场战争中，士兵死于伤寒的概率要远大于死于敌方的攻击。

代数与三角学

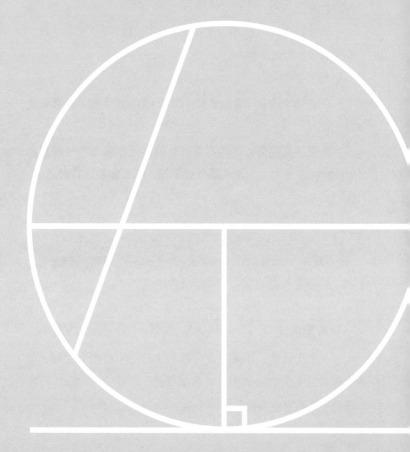

代数

代数是数学的一个分支，用字母、符号，甚至是数字来表示等式中的各个部分。代数本质上是为了找到符号背后代表的数值。

函数表达式一般含有常量（有固定值的部分）和变量。以圆的周长等式为例：

$$C = 2\pi r$$

在这个等式中，变量是 C（周长）和 r（半径）；常量是 2π。

根据等式定义，等式两端的数值必须相等（等号的意义就体现在这里）。如果两端数值不等，那么要使用符号">"或"<"。

小知识 代数由 9 世纪的数学家花剌子模命名。花剌子模还著有《代数学》一书。

一些有用的定义

一个代数式，如果只含有数和字母的积而没有加减，就被称为是一个单独的项，或是单项式。（被"+"或"−"隔开的字母数字组合被称作一个项。）

几个单项式的和叫作多项式，比如：

$$2n + 3，a + b + c$$

单项式与多项式统称为整式。（整式和代数式的区别在于整式中除数不能含有字母）

方程式的类型

一个基本方程式包含 2 个或 2 个以上的相等部分，比如：

$$2a-5 = 27$$

一个二次方程式是未知项最高次数为 2 的方程，比如：

$$x^2 + 2x -15 =0$$

有两个或两个以上的方程式并列的称为方程组，目的是试图找到藏于字母或符号后面的数值，使得所有等式成立，比如：

$$\begin{cases} 2a-b = 5 \\ 3a + 2b = 18 \end{cases}$$

（即 $a = 4$，$b = 3$）

勾股定理（毕达哥拉斯定理）

勾股定理指出，直角三角形两直角边长度的平方和等于其斜边长度的平方。可用等式表达为：

$$c^2 =a^2 + b^2$$

根据这一定理，只要知道了直角三角形的任意两边长度，都可以求出第三边的长度。

如下图，c 边的平方等于 a 边的平方与 b 边的平方之和。如 a 边平方为 16，b 边平方为 9，那么 c 边的平方即为

16+9=25。我们只要算出 25 的算术平方根，即可得到 c 边的长度为 5。

$$c^2 = a^2 + b^2$$

$$25 = 16 + 9$$

$$c = 5$$

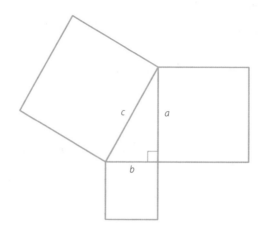

费马大定理

费马大定理由费马提出。他把该定理随手写在了古希腊数学家丢番图所著的《算术》抄本的页面空白处，直到死后才被他儿子发现。原文已不知所踪。不过，费马的儿子出版的一本书中还留有复本。

费马大定理表述如下：

方程式 $x^n + y^n = z^n$，在整数 $n > 2$ 时，x，y，z 没有非零正整数解。

费马没有留下证明过程。这个定理直到 1995 年才被证明出来。

坐标系

坐标系是在空间中确定并绘制一点的位置的有效方式。法国哲学家、数学家笛卡尔给出了一种简单明了的平面直角坐标系。它由两条直线组成，叫作坐标轴。两条坐标轴相互

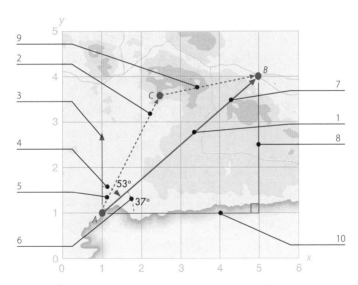

1. 向量 $\overrightarrow{AB}$

2. 向量 $\overrightarrow{AC}$

3. 北方

4. 从北顺时针旋转

5. 方位角 53°（90°−37°）

6. 与水平方向的夹角 37°

7. 由勾股定理求得，$\overrightarrow{AB}$ 长度为 5 个单位

8. 37°角对边长度为 AB 两点间 y 轴坐标差值，算得为 3 个单位

9. 向量 $\overrightarrow{CB} = \overrightarrow{AB} - \overrightarrow{AC}$

10. 37°角邻边长度为 AB 两点间 x 轴坐标差值，算得为 4 个单位

垂直。在坐标系中用来标明点的位置的数字，叫作坐标。

在笛卡尔平面直角坐标系中，坐标由两个数字构成，分别表明坐标点向 x 轴（水平轴，也叫横轴）和 y 轴（垂直轴，也叫纵轴）作垂线，垂足在 x 轴和 y 轴上的对应位置。向量，或者矢量，是一种既有大小（长度），也有方向（角度）的量。

向量的坐标表示

一个点，向某个方向移动了一段距离，这段移动轨迹就是一个向量。向量画在图上，就有可能表述的是真实生活中一只乌鸦飞行的轨迹。比如在 51 页图中，轨迹起始于 A 点，途径 C 点，终结于 B 点。虽然实际飞行轨迹如点状线所示为 ACB，但飞行位移为实线 AB。向量 $\overrightarrow{AB}$ 的长度可用毕达哥拉斯定理求得。

函数图像

在数学世界中，任何对两个或两个以上变量之间的关系进行的描述都可以称为函数。把函数绘制在笛卡尔平面直角坐标系中，就得到了一个函数图像。

下面是正弦函数、余弦函数和正切函数的函数图像。

正弦

$$\sin\theta = \frac{对边}{斜边}$$

这个函数可用等式表达为 $y = \sin x$，函数图像下：

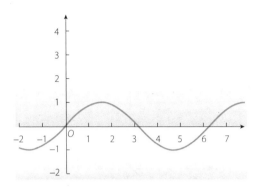

余弦

$$\cos\theta = \frac{邻边}{斜边}$$

这个函数可用等式表达为 $y = \cos x$，函数图像如下：

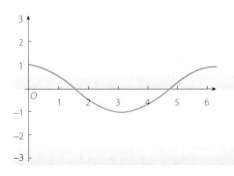

正切

$$\tan\theta = \frac{对边}{邻边}$$

这个函数可用等式表达为 $y = \tan x$，函数图像如下：

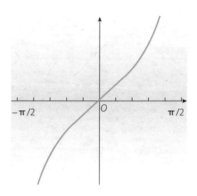

极坐标

极坐标是一种在日常生活中无法找到对应场景的坐标系。极坐标可以把复数表达成坐标系中的点。复数的三角表示式为：$z = r\,(\cos\theta + i\sin\theta)$，其图像为：

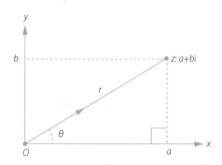

微积分的基本原理

微积分！一听到这个词，文科生们就从灵魂中开始颤抖。它到底有多么恐怖？

17世纪80年代，作为代数的一个分支，微积分非常有用。一个叫莱布尼茨的德国数学家和一个英国人各自独立地提出了这个概念。只能说莱布尼茨很可怜。因为，这个英国人叫牛顿，对，就是那个史上最伟大（虽然有争议）的科学家、数学家牛顿。因为觉得自己的成果被剽窃了，于是在接下来的20年，直到莱布尼茨去世，牛顿一直没放弃对他的打压和攻击。

事实上，虽然牛顿的方法更好，但是莱布尼茨创造的符号体系远比牛顿的优越，并流传至今。

极限的概念

微积分中最基础的概念就是极限。这个概念并不新鲜。古希腊数学家对这个概念不陌生。当阿基米德求解圆的面积时，他并不知道我们现在所知的公式，所以他最终也没推导出来。不过，他却找到了一种计算规则多边形面积的方法。

首先，他在圆的周长内画出辅助正多边形，随着正多边形的边越来越多，终于达到了一个阈值，也就是确定圆的面积所需的极限。正多边形的边越多，其形状越接近于圆，阿基米德的计算精度也就越高。最终他得到了圆面积公式 $S = \pi r^2$，其中 r 代表圆的半径。同样，用长方形做辅助，可以计算出不规则图形的面积。同样的方法还可以用来推导诸如半球或圆锥体之类的立体图形的体积。不过，微积分的美妙在于，抛弃了这种烦琐的长方形或多边形辅助，直接向我们提供了一套可以精确地计算物体的面积、体积或是其他参数的方法。

微积分并不是只和面积之类的定值挂钩。它是一种计算连续变量的强大工具。

想象一下，那个传说中的苹果确实砸到了牛顿的头上。牛顿顺手一扔，苹果在空中划出一道弧线，最终落到了地上。运用微积分，我们可以算出它从牛顿手中抛出后的速度和加速度。这是因为微积分可以推导出事物的连续变量产生的任何细微变化。

假设在同样少的时间里，苹果在整个轨迹中移动了微乎其微的距离，我们可以对时间和距离这两个变量赋值。

假设我们把移动的距离称之为 $\mathrm{d}x$，时间的变化称之为 $\mathrm{d}t$，苹果的速度为 v，那么我们得到以下等式：

$$v = \frac{\mathrm{d}x}{\mathrm{d}t}$$

我们根据以上等式推导出苹果的加速度为：

$$\frac{\mathrm{d}^2 x}{\mathrm{d}t^2} = \frac{\mathrm{d}v}{\mathrm{d}t} = a$$

这种计算方法叫微分。微分是微积分运算中的基本技巧。

积分

另一个基本技巧是积分。用积分可以推算出苹果所划过的曲线面积和苹果在任意时间点的空间位置。

微积分可能是人类在生活中运用的最为广泛的数学分支。由于和变量之间的关系（函数）相关，微积分常被用来解决生活中各种琐碎的问题，比如通过计算和热源距离相关的温度函数，我们可以算出烤箱把手在哪个位置最安全。从复杂的工程建筑项目到确定音乐厅中理想的声学位置，正是微积分在计算机建模中的应用，让我们看到了牛顿的伟大创造与我们的现代生活是多么的息息相关。

角的性质与类型

1. 具有公共端点的两条射线所形成的图形叫作角。
2. 角的单位叫作度，数学符号为°。
3. 一个圆的 1/360 叫作 1°，一个圆有 360°。
4. 三角形内角之和为 180°。
5. 垂线指的是与另外一条直线相交，并形成直角的直线。
6. 小于 90° 的角称为锐角。
7. 等于 90° 的角称为直角。

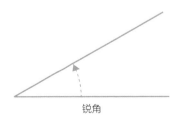

锐角

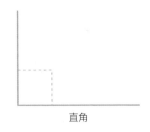

直角

8. 大于 90° 小于 180° 的角，称为钝角。

9. 大于 180° 小于 360° 的角，称为优角。

10. 如果两个角的和等于 90°，那么这两个角互为余角。

11. 如果两个角的和等于 180°，那么这两个角互为补角。

12. 两直线平行，同位角（位于平行线同侧）角度相等。

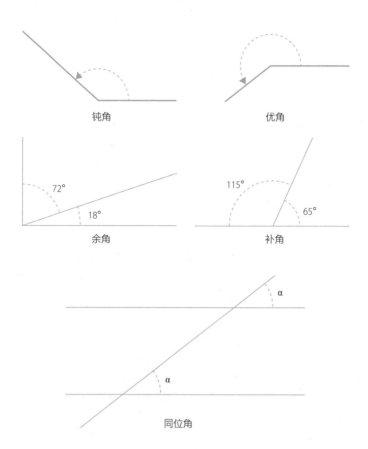

圆的各个部分与性质

周长：圆一周的长度。

直径：通过圆心将圆平分，两端在圆上的线段。

半径：连接圆心和圆上任意一点的线段。

弦：连接圆上任意两点的线段。

切线：圆的切线垂直于经过切点的半径。

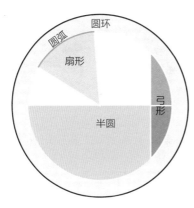

圆弧：圆周的一部分。

扇形：两条半径和一段圆弧形成的区域。

弓形：一段圆弧和一条弦形成的区域。

半圆：直径与圆弧形成的区域。

圆环：两个同心圆之间形成的区域。

三角学

三角学是一门研究三角形中边与角的关系的学科。在实际应用中，对于各行各业，比如建筑、工程、天文、航海等，能够计算出"缺失的"边长或者角度大小,有着重要意义。

和很多学科一样,三角学也发源于古希腊,从它的名字上就可以看出来。三角学是希腊语"trigonon"(三角形)与"metron"(测量)的组合。虽然古埃及人对三角形也略懂一二——看看那些金字塔就知道,但是真正为三角学奠定基础的是公元前 2 世纪的一位天文学家,希帕克斯。

三角形的种类

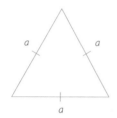

等边三角形三边等长,且内角皆为 60°。

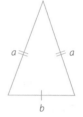

等腰三角形两边相等,有两内角相等。

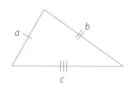

不等边三角形没有相等的边长,没有相同的内角。

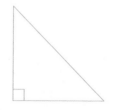

直角三角形有一内角大小为 90°。

关于三角形你应该了解的知识

三角形是一种二维平面图形,有三条边,内角和为 180°。

直角三角形中，与直角相对的边叫斜边，与 θ 角相对的边叫对边，既不是斜边也不是对边的第三条边，叫邻边。每条边都有一个对应的角。

正弦、余弦、正切

θ 角的正弦等于对边长度与斜边长度之比。数学公式表达如下：

$$\sin\theta = \frac{o}{h}$$

θ 角的余弦等于邻边长度与斜边长度之比。数学公式表达如下：

$$\cos\theta = \frac{a}{h}$$

θ 角的正切等于对边长度与邻边长度之比。数学公式表达如下：

$$\tan\theta = \frac{o}{a}$$

埃菲尔铁塔有多高？

到了我们运用所学知识算出法国巴黎埃菲尔铁塔高度的时候了。假设站在离铁塔基座正中心 173 米的地方，我们抬头大约 60°（身高忽略不计），刚好看到塔尖。把刚才的位置图形看成直角三角形（直角三角形更易于计算），我们发现塔底刚好是一个直角，标记为 B，我们所处的位置标记为 A，

那么塔顶就是 C。由此可得：

求解 BC 的长度（塔的高度），我们列出以下计算等式：

$$\frac{BC}{AB} = \tan 60°$$

$$BC = \tan 60° \cdot AB$$

$$BC = 1.73 \times 173$$

$$BC = 299.29$$

物理与化学

力与运动

亚历山大·蒲柏，这个可能是英国历史上最喜欢讥讽人的著名诗人曾写道："茫茫沧海夜，万物匿其行。天公降牛顿，处处皆光明。"有一段时间，没人不同意这种说法。

早在17世纪末和18世纪初，牛顿就著书阐述了力与运动的规律。他发现了我们沿用至今的万有引力，给出了牛顿运动定律。他还研究了光的性质，设计了第一架反射望远镜，并且发明了微积分。

牛顿运动定律

1687年，牛顿出版了《自然哲学的数学原理》，牛顿在书中讨论了运动定律。此书是公认的，人类有史以来最为重要的科学著作之一，在理解力与运动时，提供了宝贵的理论框架。

> **牛顿第一运动定律**
>
> 在不受外力作用的情况下，静止物体一直保持静止，运动物体会沿直线一直做匀速运动。

一个关于牛顿第一运动定律的好例子就是台球游戏。球桌上的球一直静止不动，直到球杆击球，其他球撞击或是有人抬动了球桌，才会开始滚动。同样地，一旦滚动起来，这个球会一直向前运动，直到滚动路线受阻，比如碰到了别的球，触边或是掉进了球袋。

牛顿第二运动定律

　　物体加速度的大小跟作用力成正比，跟物体的质量成反比；加速度的方向与作用力的方向相同。

换句话说，当外界的力施加在一个物体上时，该物体的运动状态将受到影响。

举个例子，我们同时拥有一个台球和一个保龄球（质量比台球大得多），当我们想用同样的力把它们推走时，台球会比保龄球跑得快。它们一旦运动起来，如果我们想改变二者的运动轨迹，那么施加在保龄球上的力需要比施加在台球上的力大。

牛顿第三运动定律

　　相互作用的两个物体之间的作用力和反作用力总是大小相等，方向相反，作用在同一条直线上。

牛顿第三运动定律可能是牛顿运动定律中最出名的一个。它是关于作用力和反作用力的定律。当一个物体向另一个物体施加作用力时，总会受到一个大小相等，方向相反的反作用力。

理解这条定律最好的方式可能是想象一个短跑运动员使用起跑器，运动员在起跑蹬起跑器时，起跑器也给了运动员一个反作用力，帮助运动员获得更快的出发速度。

开普勒定律（行星运动三大定律）

1. 行星沿椭圆轨道运动，而太阳则位于椭圆轨道的一个焦点上。

2. 在相同时间内，行星与太阳之间的半径向量所扫过的面积是相等的。

3. 两个行星绕太阳运动的轨道周期的平方比等于两个轨道的半长轴的立方比。

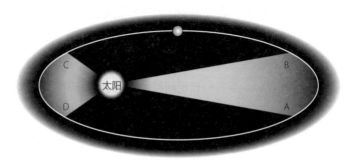

行星围绕太阳运转的椭圆轨道

基于观察到的事实，开普勒总结出了上述三大定律。其中第二条定律对于牛顿思考万有引力，产生了重大影响。

牛顿万有引力定律

两物体质量越大，相距越近，其二者之间存在的引力也就越大。

在开普勒第二定律的基础上，牛顿阐述了两物体间万有引力的大小取决于三个因素：物体 1 的质量，物体 2 的质量

以及二者之间的距离。这三个因素的关系可以阐述为：两物体之间万有引力的大小随着二者之间距离平方的增长而减小。比如，如果地球到太阳之间的距离是现在的 2 倍，那么地球与太阳之间的万有引力会变成现在的四分之一。

牛顿万有引力的公式表述如下，其中 F 表示力的大小，m_1 和 m_2 分别表示物体 1 和物体 2 的质量，r 表示二者中心点之间的连线距离，G 是一个常数，叫作万有引力常数。

$$F = \frac{Gm_1m_2}{r^2}$$

在 20 世纪爱因斯坦提出相对论之前，牛顿的万有引力定律一直处于统治地位。

胡克定律

1. 在弹性限度以内，物体的形变与引起形变的外力成正比。

2. 当外部条件不变，而引起形变的外力消失时，物体将恢复原状。

1678 年，英国科学家罗伯特·胡克提出了这个以他名字命名的弹性形变定律。简言之，这个定律是说，当你用的力不太大时，受到挤压的物体最终可以恢复原状。

根据胡克定律，固体的弹性形变可以解释为其内部原子或分子的微小位移，位移大小与它们受到的作用力成正比。

胡克定律的公式表述如下

$$F=kx$$

其中，F 是作用力，k 是常量，x 是形变位移。

能量的本质

能量一直是科学界中的一个争议性话题。每个人都知道能量能用来做什么，但似乎没人能说出能量到底是什么。大体上，有两种模式描述能量的本质和行为——能量转换和能量转移。

能量转换

能量转换的核心概念是能量类型。在这种模式下，我们把能量划分成热能、光能、电能等。虽然引入这些和能量相关的基础概念很有用处，但这种模式已日渐式微。

能量转移

能量转移模式尽量避免提到能量的类型。这种模式认为能量就在那里，它可以被存储、转移和消散。在这个模式下，热量不再是一种能量类型，而是从一个系统向另一个系统转移的结果。

热量与温度

如果我们接受热量是能量从一个系统向另外一个系统转移的结果，那么温度，就是对转移的能量多少的一种测量。

温标

绝大部分时间，我们对温度的测量都很随意。温标体系会把两个可重复的事件选作两个定点，然后给这两个定点各分配一个数值。在摄氏温标中，这两个事件分别是水结冰和沸腾。我们规定水的冰点为 0℃，水的沸点为 100℃。将二者之间的差值等分 100 份后，我们就得到了摄氏温标。

还有一种温标叫华氏温标。和摄氏温标一样，它也将水的冰点和沸点作为标定时的可重复事件，但不像摄氏温标把差值等分了 100 份，华氏温标等分了 180 份。

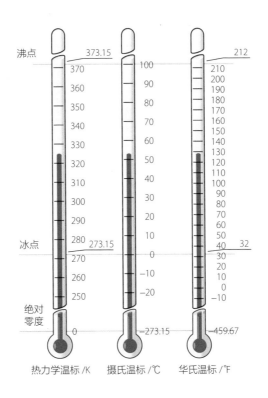

沸点　373.15　　　　　100　　　　　　212

370　　　　　　　　210
　　　　　　　　　200
360　　　　　　　190
　　　　　　　　180
350　　　　　　90　170
　　　　　　　　160
340　　　　　80　150
　　　　　　　　140
330　　　　　70
　　　　　　　60　130
320　　　　　　120
　　　　　　　50　110
310　　　　　　100
　　　　　　　40　90
300　　　　　　80
　　　　　　　30　70
290　　　　　　60
　　　　　　　20　50
280　273.15　　10　40　32
270　　　　　0　30
　　　　　　　　20
260　　　　　-10　10
　　　　　　　　0
250　　　　　-20　-10

冰点　273.15

绝对
零度

0　　　　　-273.15　　　-459.67

热力学温标 /K　　摄氏温标 /℃　　华氏温标 /°F

国际通用温标

然而，无论摄氏温标还是华氏温标，都无法满足科学研究的需要。所以，出现了另一种国际通用温标（热力学温标）。现行版本的国际通用温标在建立时采集了由热力学温标定义的 16 个可重复事件（摄氏温标和华氏温标都只采集了 2 个）。热力学温标的基本单位是开尔文，以纪念英国物理学家开尔文爵士（又名威廉·汤姆逊）。

这 16 个事件的建立，基于不同元素的三相点。（三相点指的是物质在气、液、固三种状态时的压力和温度达到均衡的一个点。）

压强

压强指的是物体所受压力与受力面积之比。其单位可表达为牛顿每平方米。压强公式如下

$$P = \frac{F}{S}$$

其中，P 是压强，F 是物体受的压力，S 是受力面积。

固体

分子或原子在固体中的排列要比在液体或气体中紧密得多。固体受力会被压缩。温度也可以影响固体，使其膨胀。

液体

分子或原子在液体中的排列比在气体中紧密，比在固体中松散。液体会对任何浸没其中的物体产生压力。

气体

分子或原子在气体中的排列要比在固体或液体中松散得多。因为分子或原子在气体中排序松散，可以自由移动，所以气体比固体和液体更易于压缩。

气体三定律

我们可以用三条简单的定律描述气体的运动。这三条定律主要描述气体温度、压强和体积之间的关系。

波义耳定律

在恒温下，一定质量的气体的体积与气体压强成反比。

波义耳定律，以罗伯特·波义耳，一位 17 世纪英国化学家命名。这条定律说的是当气体压强变小时，其体积会增大；当压强增大时，体积会缩小。

查理定律

体积恒定时，一定质量的气体的压强与其温度成正比。

以法国物理学家 J. A. C. 查理（1746—1823）的名字命名，这条定律阐明当温度升高时，气体的压强也随之增大。温度下降时，效果相反。由此引出下一条定律。

> **盖－吕萨克定律**
>
> 压强恒定时，一定质量的气体的温度与其体积成正比。

压强与深度

当物体浸入液体时，液体会对其产生压强。如果物体排出的液体重量小于物体自身的重量，则物体下沉。下沉时，由于物体上方液体的重量，物体所受压强不断增大。沉得越深，所受压强越大。

浮力

浸入液体后，物体会受到一个向上的力，这个力叫浮力。它的大小等于物体排开的液体重量。如果物体所受浮力大于该物体的重量，则物体上浮；否则，物体下沉。

流体力学

对于液体和气体性质的所有观察研究都可以归于流体力学的范畴。流体力学研究的是液体和气体的力与能量作用的效果。作为经典物理学的分支学科，液体和气体都被看作流体，适用于同类方程和等式。流体力学在水利、航空和化学工程上有着广泛的应用。

电磁学

电学和磁学是电磁学中同一基本力的两个方面。一方面，磁场可以产生电场；另一方面，电场又可以产生磁场。

电流

流动的电子产生电流。电子可以在某些金属导体的原子间自由流动，比如铜。当电子移动时，它们脱离了在原子核中的既定轨道，流动到了另一个原子中。以此类推，这种电子在导体中的流动，产生了我们所说的电流。

电流种类	定义
直流电（DC）	电子沿一个固定方向流动
交流电（AC）	电子不断变换方向流动

安培

电流的单位叫安培。1 安培定义为 1 秒内有 6.24×10^{18} 个元电荷通过横截面的电流。

伏特

电子运动的趋势叫电动势，电动势的单位叫伏特。电路中电动势的作用是使电源两端产生电压。电压的单位也是伏特。伏特定义：在载荷（安培）恒定电流的导线上，当两点之间导线的功率耗散为 1 瓦特时，这两点之间的电压就是 1 伏特。

电阻

有些材料的电流传导性能优于其他材料。材料对电子流动产生的阻碍叫作该材料的电阻，单位是欧姆，符号"Ω"。

欧姆定律

在同一电路中，通过某段导体的电流与这段导体两端的电压成正比，与这段导体的电阻成反比。

欧姆定律根据德国物理学家乔治·西蒙·欧姆命名，这条定律描述了电流（I）、电压（U）以及电阻（R）之间的关系。可以用公式表达为

$$I=U/R \text{ 或 } U=IR$$

电路

因为特定原因，比如为了给住房提供照明系统，将电源和电子器件连接起来，可以形成一个电路。电路有两种基本形式：串联电路和并联电路。

串联电路

串联电路中，电源和电子器件按顺序依次排列，形成回路，

相同的电流会通过每一个电子器件。串联电路中任何一点断路都会导致电路断电，所有电子器件都会失去电流。

并联电路

并联电路中，电子器件被排列在独立的分支上，这意味着它们独立与电源相连。这减小了电路中的电阻，也使得某一个分支的断路不能影响到另外的电路分支。

电磁场

如同电力一样，磁力也来自电子在原子中的运动。某些材料的原子，比如铁和钴，比其他材料更容易产生磁力，这就是我们所说的铁磁材料。当电子在原子中自旋时，他们会产生极其微小的磁场。这些磁场相互叠加，会产生强大的磁场。这些"小型磁铁"聚集在一起就形成了磁畴。磁畴的排列方式决定了这个材料是否会吸引，或是排斥其他铁磁材料。

发电机

19世纪上半叶，英国科学家迈克尔·法拉第发现，当他将螺旋导线穿过磁场时，导线中会产生电流。这个发现就是我们现在熟知的法拉第电磁感应定律的基础。

电动机

简单讲，电动机就是在两极磁铁中安上一个导电线圈。

线圈通电后会被磁化，受到周围两极磁铁的吸引或排斥，线圈会围绕轴心旋转。为了保证线圈朝一个方向做旋转运动，我们使用了一个叫转向器的部件，线圈每旋转半圈，都将电流的方向做一次调整。以此保证线圈一端受拉力，另一端受推力，并做连续运动。在线圈中间安一个轴，我们就可以利用线圈的运动来驱动从电动牙刷到地铁的任何机械。

电磁波谱

将电磁波按波长或频率的大小顺序排列起来，就构成了电磁波谱。电磁波谱覆盖了从波长最长的无线电波到波长最短的伽马射线。

元素

众所周知，地球上（或地球之外）的一切物质都是由各种元素的原子构成的。由同一种元素构成的单一物质是单质，如铁、氧或金。

原子

原子是化学反应中不可再分的基本微粒。原子由原子核和电子组成。原子核含有带正电荷的质子和不带电荷的中子，带负电荷的电子围绕着原子核在轨道上旋转。电子决定了原子的化学性质，因为原子通过电子与其他原子相结合，无论是通过共用电子对的方式，还是通过电子转移的方式。

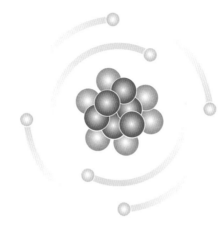

碳原子的质子和中子聚集在原子核内，6个电子围绕着原子核在轨道上旋转。

离子

原子一般呈电中性。但在化学反应中，原子或原子基团中的电子发生转移，原子或原子基团就会显示带正电或者负电。这些带电的粒子叫作离子。带正电荷的离子叫作阳离子，带负电荷的离子叫作阴离子。

分子

分子由两个或两个以上通过化学键结合的原子构成，这些原子可以来自一个或多个元素。原子之间通过共用电子对相互结合。

分子是一个物质在保持化学性质不变的前提下，可被分割成的最小粒子。比如，1个水分子（H_2O）由2个氢原子和1个氧原子构成。水分子具备水所具有的所有特征——标准大气压下，室温时呈液态，100℃时沸腾，0℃时结冰等。但如果我们将它继续分割成氢原子和氧原子，我们就会失去水分子，得到室温下呈气态的氢和氧。

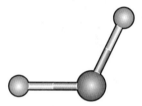

水分子：H_2O

任何物质的分子结构都可以通过认真研究它的化学式得出。我们已经知道了 1 个水分子（H_2O）由 2 个氢原子和 1 个氧原子构成。那么化学式为 H_2SO_4 的分子呢？

根据下一页的元素周期表，我们可以发现，H_2SO_4 中包含的原子分别是氢原子、硫原子和氧原子。从左到右观察化学式，我们能够清楚地得出该分子含有 2 个氢原子、1 个硫原子和 4 个氧原子。这些元素，按照这个比例结合，形成了硫酸分子。如果我们能去除其中的硫原子和 3 个氧原子，它就变成了水分子。

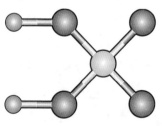

硫酸分子：H_2SO_4

化合物

化合物是两种或两种以上不同元素组成的纯净物。

化学元素周期表

1869 年俄国化学家门捷列夫总结了化学元素周期表。它将各元素按照性质和原子序数（由该元素原子核中的质子数决定）直观地排列而成。其中，表内的一列被称为一个族，一行被称为一个周期。

爱因斯坦的相对论

1919 年，相对论的思想公开发表之后，爱因斯坦成了科学界、数学界的明星人物。这是个看起来很成功的理论，世界各国的媒体都为这个伟大发现热烈欢呼。

但实际上，很少有人能读懂。在少数能看懂的人眼里，这套理论又太令人难以置信。事实上，这套理论的"荒谬"程度比其晦涩程度更高。因为，相信这套理论，就意味着这个世界的运转方式并非我们想象的那样——在这一点上，就连牛顿也犯了错。

狭义相对论

1905 年，爱因斯坦提出了狭义相对论。之所以叫作狭义，是因为这个理论研究的是在"狭义"的、也相对"特殊"的，

化学元

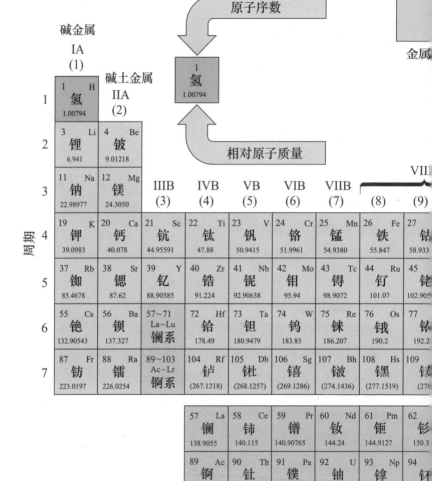

素周期表

类金属	非金属	所示元素分类未定	稀有或惰性气体 VIIIA (18)

	IIIA (13)	IVA (14)	VA (15)	VIA (16)	VIIA (17)	2 He 氦 4.00260
	5 B 硼 10.811	6 C 碳 12.011	7 N 氮 14.00674	8 O 氧 15.9994	9 F 氟 18.99840	10 Ne 氖 20.1797

IB (11)	IIB (12)	13 Al 铝 26.98154	14 Si 硅 28.0855	15 P 磷 30.97376	16 S 硫 32.066	17 Cl 氯 35.4527	18 Ar 氩 39.948
29 Cu 铜 63.546	30 Zn 锌 65.39	31 Ga 镓 69.723	32 Ge 锗 72.61	33 As 砷 74.92159	34 Se 硒 78.96	35 Br 溴 79.904	36 Kr 氪 83.80
47 Ag 银 107.8682	48 Cd 镉 112.411	49 In 铟 114.82	50 Sn 锡 118.710	51 Sb 锑 121.75	52 Te 碲 127.60	53 I 碘 126.90447	54 Xe 氙 131.29
79 Au 金 196.96654	80 Hg 汞 200.59	81 Tl 铊 204.3833	82 Pb 铅 207.2	83 Bi 铋 208.98037	84 Po 钋 208.9824	85 At 砹 209.9871	86 Rn 氡 222.0176
111 Rg 轮 (282)	112 Cn 鿔 (285)	113 Nh 𫓧 (284)	114 Fl 铁 (289)	115 Mc 镆 (288)	116 Lv 𫟼 (293)	117 Ts 鿬 (294)	118 Og 鿫 (294)

64 Gd 钆 157.25	65 Tb 铽 158.92534	66 Dy 镝 162.50	67 Ho 钬 164.93032	68 Er 铒 167.26	69 Tm 铥 168.93421	70 Yb 镱 173.04	71 Lu 镥 174.967
96 Cm 锔 247.0703	97 Bk 锫 247.0703	98 Cf 锎 242.0587	99 Es 锿 252.083	100 Fm 镄 257.0951	101 Md 钔 258.10	102 No 锘 259.1009	103 Lr 铹 (262.1097)

无重力真空环境下的运动。

他的猜想基于这样一个假设：宇宙中只有光速恒定不变，其余一切，包括时间、空间，或者爱因斯坦偏好的"时空"概念，都是相对所选参照系而存在的。从这点出发，爱因斯坦做出了一系列精彩绝伦但同时让人咋舌的预测，包括对质量、能量和时间本质的推测。

质能方程

爱因斯坦一系列预测中很重要的一条就是质能方程。他认为，质量和能量的本质是一样的，二者可以相互转换，可以表达为：

$$E = mc^2$$

光速下的能量和质量

爱因斯坦对相对论做了进一步补充：当物体（比如说，你）加速时，其能量和质量增大，而长度沿其运动方向缩小。简言之，你跑得越快，会变得越重，同时也变得越矮。

越接近光速，这种效应越明显。当达到光速时，你的质量会变成无穷大，而长度会变为零。这种情形当然不可能发生，但它同时也从另一方面说明光速是这个宇宙中可以达到的最高速度。

相对于观察者参照系的时间

爱因斯坦做出的最终预测让很多人摸不着头脑。根据这个理论，假如你以极高的速度在空间穿梭，对你而言，时间照常流逝；但对于你所在参照系以外的观察者来说，你的时间看起来变慢了。

在普通的高速场景下，我们并不会察觉到这个变化，但在接近光速时，变化就变得明显了。这意味着像空间一样，就连时间也并不绝对，而是会相对于观察者的参照系产生变化。

广义相对论

按照牛顿的理论，万有引力是两物体之间产生的一种力，这种力无视距离，瞬时发生。但是，这与相对论冲突。相对论认为，任何速度都不可能超过光速。爱因斯坦在 1916 年发表的广义相对论中探讨了这个问题。

根据广义相对论，万有引力场是有质量的物体扭曲了时空造成的。好比你坐在床垫上。你的体重会让床垫向你所处的位置弯曲，也就是你坐出了一个坑。那么，床垫上搁的东西就不可避免地会向你所在的位置滑动。

就像你弯曲了床垫一样，太阳弯曲了时空平面。任何从一旁经过的物体，比如行星，都会受这个弯曲形变影响，形成自己的轨迹，这才是神秘的万有引力现象产生的真正原因。简言之，我们所说的万有引力实际上是时空弯曲的结果。

$E = mc^2$

无可否认，现在很多人都知道这个著名的公式，但是很少有人知道这个公式背后的含义。

首先，我们要知道这些符号的含义。$E = mc^2$ 表达的是质量（m）和光速（c）平方的乘积，与能量（E）之间的相等关系。

光速的平方是 9×10^{16}（米/秒）^{2}。我们可以看出，与这个数相乘后得到一个极大的数值。也就是说，就算是再小的质量，也能够迅速释放出极为庞大的能量。这也是为什么只含有 100 克可转换质量的核弹，也能够摧毁一整座城市。

虽然爱因斯坦为制造核弹奠定了理论基础，他本人却和核弹的诞生没有直接关系。虽然曾督促美国政府加紧研究相关武器，他同时也为这种武器可能用来攻击平民而深深忧虑。这一经历使得爱因斯坦成了一个呼吁世界和平的旗帜人物。

核辐射

不稳定的原子核向外放射出高能的亚原子粒子，我们把这种现象叫核辐射。一些原子核会出现自发的核辐射现象，而另一些原子核在受到亚原子粒子的轰击后会发生核辐射现象。

核辐射有三种类型的射线，根据其对物质的穿透能力分为阿尔法（α）射线、贝塔（β）射线和伽马（γ）射线。虽然都被笼统称为"射线"，但其实伽马射线是以光子流的方式辐射，阿尔法和贝塔射线是以带电粒子流的方式辐射。

原子核发生的变化会辐射阿尔法和贝塔射线，这就是放射性衰变。伽马射线其实是原子核在释放多余能量。这三种辐射对人体都有潜在的伤害。

阿尔法粒子的性质

阿尔法粒子有 2 个质子、2 个中子，带 2 个正电荷。它无法穿透皮肤，但是如果被吸入或是吞咽，却可以引起细胞变化并很有可能诱发癌变。

贝塔粒子的性质

当原子核中的中子变成带正电荷的质子时，带负电荷的电子会被放射出来，这就是贝塔射线。贝塔射线可以穿透皮肤，但是常见的接触方式仍是吸入或是吞咽。根据被照射的部位不同，最后产生的癌症也不同，比如白血病。

伽马射线的性质

与 X 射线类似，伽马射线是一种电磁辐射。伽马射线具有极强的穿透性。它不但能够穿透皮肤，甚至能穿透混凝土和金属铅。接触人体后，伽马射线可以与体内细胞发生电离作用形成离子，直接摧毁人体组织。

核裂变和核聚变

正如之前讨论过的，质量和能量实际上是一体两面。物质的质量可以通过两种方式转换成能量：核裂变或核聚变。无论哪种方式，都会产生巨大的能量。拿来行善还是作恶，就看我们自己了。

核裂变

当铀–235 或钚–239 等同位素在吸收 1 个中子后，会变得极其不稳定，它们会瞬间分裂，释放更多的中子。这样会导致更多的原子核变得不稳定，继续分裂释放中子，这就是核裂变，而这种一环扣一环的反应就被称为链式反应。

以伽马射线（主要以这种方式）的方式释放的能量可以产生巨大的热量。核反应堆能够保证释放的中子数量使得反应可以刚刚好继续下去，从而可控。而在核弹中，链式反应在百万分之一秒内进行完毕，释放出巨大的能量。

小知识　美国的曼哈顿计划制造了人类历史上第一个核弹。在实验前，一些科学家担心爆炸时的链式反应会摧毁全世界。尽管如此，最后依然试爆了核弹。

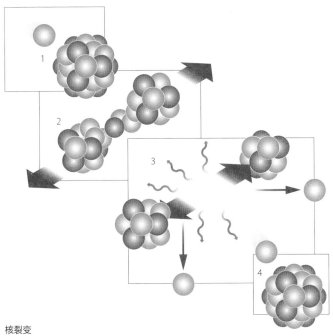

核裂变

1. 受到中子轰击后，铀–235 的原子核吸收中子，变成了铀–236。

2. 铀–236 分裂，形成两个相似的原子核。

3. 分裂过程中释放出能量以及更多的中子。

4. 这些中子轰击其他原子核，以上步骤重复。

核聚变

　　核聚变需要由裂变反应提供热量将轻核合并起来。太阳中的氢原子核聚变成氦原子核，释放出巨大的能量。虽然太阳几乎提供了整个太阳系所需的能量，我们依然要在地球上建造属于自己的核聚变反应堆。

理论上一个商用核聚变反应堆可以为人类提供近乎无限的电力。可惜的是，技术难度及成本等各种问题综合起来，使这个梦想暂时无法实现。

人们仍一直在进行着小规模的核聚变实验，根据目前的进展，核聚变发电有可能在未来实现。

亚原子粒子

就目前所知，宇宙中所有的物质都是由原子构成的。我们一直认为原子是物质可被分割的最小单位。直到最近一百年，我们才发现原子自身，也是由更小的粒子，如亚原子粒子，构成的。

电子

亚原子粒子中最有趣的无疑是电子。电子是三种主要亚原子粒子中最小的一种。它带着负电荷，在原子轨道上绕着原子核以接近光速做不规则运动。吸收能量后，电子可以跃迁到高能级轨道；失去能量后，电子会掉落至低能级轨道。电子在运动起来后，就像给原子核罩上了一片带负电荷的模糊不清的云，我们无法在确定时间预测出电子的确定位置。

质子

如果能够近距离观察，我们会发现原子的中心有一个结合紧密的原子核，一般来说由质子和中子组成（除了氢原子，氢原子的原子核只有质子，没有中子）。原子核是原子质量的主要来源。

小知识 如果把质子和中子比作网球大小，那么电子的大小就像一个大头针的头，而整个原子可以覆盖数千米长的场地。

质子质量约是电子质量的 1836 倍。质子所带正电荷之和与电子所带负电荷之和相等，所以原子呈电中性。电磁力将质子与电子束缚在一起，进而形成了原子。

中子

中子既不带正电荷也不带负电荷，呈电中性，其质量约是电子的 1839 倍。和质子一样，中子居于原子中心。

夸克

构成原子核的质子和中子分别由三个更小的粒子构成，这种粒子叫夸克。在质子和中子中，人们发现了两种夸克：上夸克和下夸克。

弦理论

粒子物理学家近年来高歌猛进，似乎每天都有新的发现。截止到现在，他们已经发现了超过 200 种亚原子粒子，当然，其中一些粒子的存在证据并不充分。

之前被认为不可分割的粒子，比如电子，被称为基本粒子。但是，一些物理学家认为，这些粒子也是由被称为弦的量子环形单位构成的。弦被认为比基本粒子还要小数十亿倍，弦才是这个宇宙真正的基本组成单位。如果真是这样，我们就有了一个可以解释世间一切的理论（不过，还是先别高兴得那么早）。

宇宙学简史

宇宙学是天文学的一个分支，用于研究宏大场景。它关心的是宇宙的起源、本质和尺度问题，并且试图解答我们久已有之的古老问题："我们来自何处？""我们去向何方？"以及"我们的时间还剩多久？"

一些人认为，从古巴比伦人对天空第一次进行系统观察，并且定义星座开始计算，宇宙学起源于约公元前3000年。公元前400年左右，古希腊人也加入了这个行列。亚里士多德证明了地球是一个球体，埃拉托色尼相对精确地计算出了地球直径。

托勒密地心说

公元2世纪时，托勒密提出了一个宇宙模型，地球居于正中。这当然是错误的，可是这个理论直到16世纪都没人质疑，直到尼古拉斯·哥白尼出现。他指出地球和太阳系其他行星一样，都围绕太阳旋转。伽利略继承了这一说法，并找到了证据，不过他差点儿因此被烧死。

日心说

17~18 世纪，天文望远镜技术的长足发展极大地提高了人们对宇宙的认知。人们终于意识到我们所住的小小星球，一直在浩瀚而冰冷的宇宙中，围绕着太阳旋转。

哈勃定律

美国天文学家埃德温·哈勃在研究现在我们称之为仙女星系的星云时，第一次明白了我们所处的宇宙是多么浩瀚。在试图计算这个星云与我们之间的距离时，他惊奇地发现，这个距离如此遥远，它根本不可能是银河系的一部分。甚至，它自己就是一个星系。

于是哈勃将眼光转向其他星云，激动地发现这样的星云还有很多。大家相距如此之远，以至于他不得不重新思考宇宙的尺度。

20 世纪 20 年代，哈勃开始分析遥远星系中恒星发出的光线。出乎意料的是，光谱谱线竟然朝红端偏移了一段距离，这就是我们现在所说的红移效应。这种现象表明这些星系正在高速离我们而去，这意味着宇宙正在膨胀。似乎是嫌我们的震惊还不够，哈勃还发现，一个星系离我们越远，它远离我们的速度就越快。这就是著名的哈勃定律。

哈勃常数

哈勃的发现产生了哈勃常数,这个常数是星系远离我们的速度和它与我们之间的距离的比值。

大爆炸理论

关于宇宙的起源有很多猜想。唯一一个受到大部分天文学家认可的,是大爆炸理论。在这个理论中,宇宙是所有物质 – 能量、空间 – 时间的集合。约 138 亿年前,宇宙诞生于一个奇点的一次巨大爆炸。爆炸的一瞬间,宇宙就开始膨胀。现在,宇宙依旧在膨胀。

大爆炸理论是一个比利时天文学家,乔治·勒梅特于 1927 年提出的。他认为宇宙是从一个高密度的蛋形物诞生的,这个蛋形物有 30 个太阳那么大,他称之为宇宙蛋。除了这个蛋有些大了之外,这个猜想与后来哈勃观测到的宇宙膨胀的证据相契合。可是,支持大爆炸理论的证据又在哪儿呢?

物理学家乔治·伽莫夫预测了在大爆炸理论中的宇宙,最遥远的宇宙微波背景辐射应该正在抵达我们这里。1964 年,阿诺·彭齐亚斯和罗伯特·威尔逊发现并确认了这种宇宙微波背景辐射;1992 年,宇宙背景探测器(COBE)探测出来的宇宙微波背景辐射图为大爆炸理论提供了进一步的证据和支持。

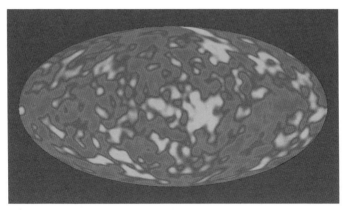

宇宙微波背景辐射的全天图像，展示了大爆炸之后的余辉

稳恒态宇宙理论

曾经有数十年，在解释宇宙起源问题上，大爆炸理论的一个有力竞争对手是稳恒态宇宙理论。这个理论由英国天文学家弗雷德·霍伊尔首先提出。该理论指出，虽然在膨胀，但宇宙的密度保持不变，因为平均每二十年，在每升空间中，宇宙会诞生一个氢原子（这个数字太小，不可能在实验室条件下观察到）。1964 年，宇宙微波背景辐射的发现给了这个理论致命一击。

小知识 稳恒态宇宙理论的提出者，英国天文学家弗雷德·霍伊尔在 1950 年的一个系列讲座中首次使用了"大爆炸"这种表述，嘲笑这种听起来像是圣经说法的理论。

膜理论

膜理论是关于宇宙本质的一种全新解释。它是人们在试图从量子层面解释引力时总结得出的。在宇宙 4 种基本作用力中，引力是最弱的一种。科学家们禁不住发问：

"引力到底是本身就这么弱，还是它作用在了我们观测不到的维度，因而显得很弱？"

根据膜理论，二维平面可以分割三维空间，那么我们所见的四维时空（三维空间加时间）就有可能是分割更高维度的一个"膜"。我们接触不到更高的维度。我们和已知的各种作用力（除了引力）实际上被困在了这个膜里。

宇宙中的 4 种基本作用力

1. 电磁力
2. 引力
3. 强核力
4. 弱核力

假如，我是说假如这是真的，那么就能解释为什么引力这么弱。本质上，引力在穿过十一个维度（我们已知的四个维度和假想中的另外七个维度）时已经被极大地衰减了。

物质场

有不少间接证据支持膜理论。其中，有些证据表明，宇宙可能起始于几张膜之间的相互作用。最近几年有很多关于暗物质的讨论。在一些看起来没有物质的地方，却有引力把物质聚集起来。这种神秘的物质有可能占了整个宇宙质量的百分之九十以上。

膜理论指出，物质场有可能是另一张膜存在的证据。而这张膜，可能起初影响了宇宙的形成和结构，并在星系层面上保证了银河系的正常运转。

重新定义极限

宇宙一度被认为无限大，无限久远。但如果我们认可大爆炸理论，那就意味着宇宙的时间实际上有起点。如果我们认为宇宙无限大，那么我们就不得不面对奥伯斯佯谬——如果宇宙大小无限，那么我们就应该可以看到星光从宇宙中的任何一个空间点射来，但实际并非如此。

夜空之所以美丽，一部分在于午夜蓝色背景下的星光熠熠。很明显，如果空中有无限多的星星，我们就看不到夜空背景了。

爱因斯坦认为与其说宇宙大小无限，不如说宇宙有限但没有尽头。为了理解这个概念，我们可以想象宇宙就像一个极其巨大的球体的表面。我们可以沿着一个方向想走多久就走多久，但是这个球体的表面大小依然是有限的。

计算机与数字化

计算机

算盘

算盘是第一个真正的计算机器，在中国得到广泛应用。它的原理很简单，上半部每个算珠代表 5，下半部每个算珠代表 1。每串算珠从右至左代表了十进位的个、十、百、千、万位数。加上运算口诀，就可以解决各种复杂运算，甚至可以开方。

另外一种类似的设计是搭配标记的网格布。网格布配上标记后，其运算规则和使用方法与算盘中的行列和算珠别无二致。

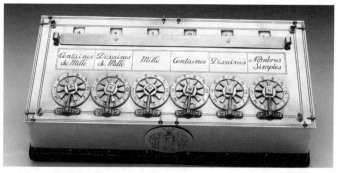

17 世纪帕斯卡计算机的样品

帕斯卡计算机

天文学家开普勒的朋友，威廉·契克卡德在 1623 年的某一天制作了应该是历史上第一个机械计算机。可惜的是，相关资料没有保存下来。所以，人们倾向于认为，他的法国朋友，科学家、哲学家帕斯卡于1642年至1645年之间，制作了第一台真正意义上的机械计算机。这台计算机可以用齿轮运算8位数的加减法。

莱布尼茨计算机

因微积分而声名远播的莱布尼茨，于1673年发明了一种改良版计算机。莱布尼茨的机器比帕斯卡的精巧很多，不但可进行加减法的运算，还可以进行乘除和平方根的运算。

雅卡尔提花机

当1804年法国人约瑟夫·玛丽·雅卡尔发明自动提花机时，我们距离现代计算机的出现又迈进了重要一步。提花机织出的图案由一系列打孔卡片来控制。这是人们首次把控制参数写在卡片上，并交由机器处理。

分析机

在雅卡尔提花机出现30年后，一位叫作查尔斯·巴贝奇的英国发明家设计出了全世界第一台计算机。这台被称作分析机的机器，有史以来第一次用来进行算数计算并且根据计算出的结果，进行简单决策。这种设计的重要性在于，它具备了现代计算机所拥有的重要组件：中央处理器、内存、数据输入/输出系统和时序控制。可惜的是，囿于当时的技术限制和资金不足，他的设计最终没能得到进一步的发展。

布尔逻辑

当巴贝奇在等待技术进步的时候，一个名叫乔治·布尔的英国人创造了一种新的代数。他的这种代数把逻辑学当作数学的一个分支。布尔逻辑采用简单的运算符——"与""或""非"——并且与二进制系统相结合，于1847年发明了一种几乎像是给现代电子计算机晶体管电路量身定制的语言——考虑到晶体管在100年后才出现，这可真是了不起的成就。

万事俱备，世界已经站在了计算机时代的门槛上。我们开发出了一系列元器件，可以通过二进制系统进行复杂的数学运算。现在所缺的只是可操控规模上的电子运算手段而已。

布尔逻辑应用范例

1. **与——用来搜索所有条件并存时的场景**

搜索语句示例："油"与"水"与"污染"

返回结果：同时讨论："油""水"与"污染"这三条术语的所有文献

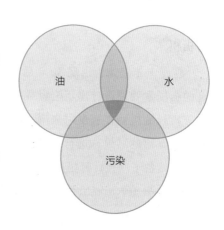

2. 或——用来搜索任意一条术语出现过的场景

搜索语句示例："奶油"或"奶酪"或"牛奶"

返回结果：出现过"奶油""奶酪"或"牛奶"这三条术语中任意一个，任意两个或三个都出现过的文献

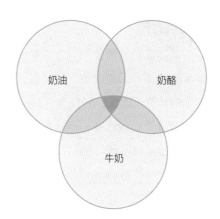

3. 非——用来搜索出现过第一条术语但没有出现过第二条术语的场景

搜索语句示例："杂志"非"报纸"

返回结果：出现过术语"杂志"，同时没有出现过术语"报纸"的文献

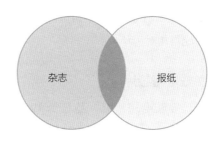

初代电子计算机和晶体管

　　1943 年，第一台电子计算机在英国的布莱切利公园诞生，当时正值第二次世界大战，建造它是为了破解德国人的密码。这台计算机建造时使用了电子管，体积巨大，运转时发热量高，还不太稳定。所幸 4 年之后，也就是 1947 年，美国贝尔实验室的约翰·巴丁、布拉顿和肖克利发明了世界上第一只晶体管。

计算机时代

晶体管的发明使人类迈入了计算机时代，晶体管使得计算机变得更小、更时髦，同时也更强大。人们开始讨论即将到来的计算机时代。1951 年，Ferranti Mark 1，第一台商用计算机开售了。1958 年以后，晶体管计算机越来越多，并且其应用开始从政府部门和学术机构延伸到商界。

BASIC 语言

数字设备公司于 1963 年推出了第一台小型计算机。BASIC 语言于 1964 年面世。这种实用的语言使得计算机编程变得相对简单。

集成电路芯片

集成电路（IC）芯片于 1958 年面世，鼠标则出现于 1968 年。1971 年，第一款英特尔微处理器芯片也随之问世，这使得计算机变得更加便携更加强大。IC 芯片的应用使得第一台个人计算机的推出成为可能——Altair 8800，1975 年开始销售。虽然不太成功，但这件事还是给了 IBM 足够的动力，并使得 IBM 于 1981 年也推出了自己的第一台个人计算机。

图形用户界面

1984 年苹果公司推出了 Macintosh 系列，大量使用图形用户界面，并把计算机从发烧友手中的小众产品变成了拥有广大受众的消费级产品。这种界面对用户极为友好，一经推出，深受好评，并引得其他厂家争相效仿。

商用计算机的销售

现代计算机由大量元器件组成。从大的方向上来说，这些元器件可以被分为两类：存储和处理。如果打开计算机主机后盖，你就能发现下文所列举的各种元器件。你要是真的打开了主机，别随意乱摸，一点点静电都有可能毁了精巧的电路。

元器件	功能
中央处理器（CPU）	负责处理数据运算的装置。它控制着所有的数据输入、输出和存储设备。在大多数计算机中，CPU 都很容易找到，因为它工作负荷大，产生热量高，一般都需要配一个小风扇。
主板	主电路板，承载着计算机上所有的重要元器件。
硬盘	一片或多片金属盘，数据以二进制磁信号的方式永久存储其中。硬盘中的磁头和录像带中的磁头类似，用来读写硬盘数据。
内存（随机访问存储）芯片	一种为当前使用中的数据和应用程序提供临时存储的芯片。关机时，如果数据和应用程序没有被保存至硬盘，芯片中的信息就会丢失。
BIOS 芯片	该芯片负责存储基本信息，比如开机时的启动序列。（别碰它！）
控制器芯片	为特定目的所设计的芯片，比如处理复杂图像或处理数码视频包。
CD/DVD 驱动器	数据存储驱动器，能读写可移动媒体，比如软盘、CD-R/RW 和 DVD。
加法器电路	用二进制系统处理四则运算的电路。能做加法，能通过负数相加做减法，能通过重复相加做乘法，能通过重复相减做除法。

小知识 图瓦卢，一个太平洋上的偏远群岛，以 5000 万美元卖掉了它的域名后缀（.tv）10 年的使用权。

字母数字式字符

使用罗马字符的计算机，或者说大部分计算机，也同时依赖于一种叫 ASCII 的代码。ASCII 代码是美国信息交换标准代码的简称，1967 年推出后，该代码就成了计算机使用的标准机器代码。

如同在 ASCII 出现之前的各种代码，ASCII 也使用二进制数字代表字母、数字以及其他各种符号。它使用 8 位二进制字串，或称比特，来代表 128 个字符。这些字符足以涵盖罗马字母表中的所有字母、0~9 之间的数字及其各种排列、各种常见的标点符号和 32 个特殊的控制符。另有 128 个字符用来表示剩下部分，包括标音字符和一些不常见的符号，如 ©。

感受一下从在键盘上按下美元符到美元符出现在屏幕上所花的时间，你就能对计算机的运行速度有一个直观的感受。

小知识 非罗马字符的语言，如中文，在计算机处理时需要 2 倍长度的二进制字串才能达到相似的效果。

在你按下"$"的一瞬间,计算机就产生 ASCII 代码 36,然后被瞬间转换成了它的二进制字串(00100100),进一步处理后,一个"$"就出现在了屏幕上。有关计算机代码的更多信息可见本书 149 页。

数字声音

数字化并不局限于字母、数字和一些特殊字符。现在我们可以将一切都数字化,以便用计算机进行处理。声音数字化就是电话系统持续改良的成果之一。我们通过采样将声音的模拟信号转化成数字信号。在这个过程中,我们以固定的频率间隔对声音进行测量,并转换成二进制数字。

电话用来处理人的声音,范围有限,一个 8 位系统就够用了。对模拟声音信号的一次采样产生一个 8 位的二进制字串。(一个 8 位二进制系统的声波采样率是每秒 8000 次。)每次采样都会给出 256 个数值中的一个(256 是 8 位二进制数字的最大值)。在电话线的另外一端,数模转换装置会将数字信号再转换成我们听到的人声。

和音乐相关的技术会使用更高的采样率。CD 的采样率是每秒 44100 次,DVD 音频的采样率高达令人咋舌的每秒1700 万次。(当然,10 年后这种说法听起来就像是笑话。)

数字图像

将一张图片分成一根根细带，然后把这些细带逐条扫描（有些像缩小版的耕地），就得到了数字图像。这些细带被分割成更小的方块，称之为图像元素或像素。每个像素都被转成一个代码，里面包含红绿蓝三色信息。像素的亮度也被测量并编码，形成一个二进制数字。

所有这种扫描和编码完成之后，得到一张位图，也就是构成图像的信息图，可以被存储、传送，再现到屏幕上或是打印出来。

最终所得图像的品质几乎完全取决于扫描和编码后存储的信息量。起到决定作用的是给定区域内像素的数量以及每个像素被测出的亮度水平的总量。

数字视频

数字视频结合了数字声音和数字图像所需的要素，它在最初出现时的格式相当粗糙。电影胶片中存储的图像一般都是以每秒 24 帧的速度播放。相比之下，早期的数字视频的播放速度仅有每秒 5 帧，看起来画质粗糙且颗粒感强。在存储容量和处理速度两方面的进步就意味着数字视频的质量可以赶上甚至超过电影胶片的质量。再结合 CD 品质的声音，这就不难看出，为什么数字化革命会牢牢抓住我们的想象力了。

存储单位	定义
1 比特	1 位二进制数（0 或 1）
1 字节	8 个相邻的二进制数
1 千字节	1024 字节
1 兆字节	1048576 字节
1 千兆字节	1073741824 字节
1 太字节	一万亿字节

数据存储

从最初的软盘，到今天的磁盘阵列，数据存储设备的扩容速度是如此之快，以至于如果谁敢说自己是最大容量的存储设备，那么它在口出狂言不过一年后就会遭到无情的嘲弄。为了对扩容速度有个概念，我们可以这样想想：在 20 世纪 70 年代，如今差不多已经被淘汰了的软盘可以存储最多 1 兆字节的数据；80 年代，一张 CD 光盘可以存储大约 700 兆字节的数据，而到了 90 年代，一张 DVD 可以存储超过 CD 光盘 25 倍的数据。

新的数据压缩技术将为数据存储设备的容量带来巨大的增长，这一点可以和电报的发明为通信速度带来的进步相比。

摩尔定律

可能有不少在五年前买了计算机，去年又换了新计算机的人会惊讶地发现，他们两次买计算机花的钱是差不多的，然而他们新买的计算机却要快得多，也复杂得多。摩尔定律就阐述了这种现象。

摩尔定律是根据英特尔的一位经理人高登·摩尔的名字来命名的。摩尔定律声称，每两年微处理器的复杂度和性能会增长一倍。从1982年出现的英特尔80286微处理器问世以来，我们发现在一个较缓慢的开始之后，摩尔便大大低估了微处理器性能的发展速度。（微处理器的"时钟"速度以兆赫计量，而最近已经升级到千兆赫。）

处理器	时钟速度	发布年
英特尔80286	6MHz	1982
英特尔80386	125MHz	1985
英特尔80486	100MHz	1989
英特尔奔腾	60MHz	1993
英特尔奔腾2	233MHz	1997
英特尔奔腾4	1.4GHz	2000

计算机与科学

对于科学和数学这两大并行世界来说，计算机的发展越快越好。突然之间，那些数量惊人的研究数据就可以只用一小部分时间来处理完毕了。比方说，天文学家可以拍下不同夜晚同一时间的星空的数字照片，然后交给计算机去寻找其中的不同点（有可能是彗星出现的方位，超新星或者其他的有趣现象）。

生物学家可以利用计算机去比对一个广阔社会范围内的DNA样本，而法医和警察也可以从海量的样本库中寻找到相匹配的指纹。物理学家和化学家可以用计算机建立虚拟模型来验证他们的理论，而数学家则可以用计算机算出圆周率 π 的更精确的数值。

小知识 英国数学家阿兰·图灵曾提出了图灵测试。测试中，一个远程提问者将向一个人类或计算机提问。如果在五分钟的问答之后，提问者无法确定对方是人还是计算机，那么被提问方就可以被认为是有感知力的人类。

虚拟世界

在现代计算机为科学和社会带来的种种益处之中，或许在概念建造领域里，最好地证明了计算机是种无价的工具。比方说，我们可以把所有可能对大桥的压力和张力产生影响的因素编入程序，这样就可以在虚拟世界（也是个完全安全的世界）中进行大桥的设计。

类似的，为一架新飞机做出一个缩尺模型，再去进行昂贵的风洞试验，这个过程已经完全被计算机所替代了。我们已经可以足不出户就能测量出在不同高度上机翼表面所受到的气流。这就意味着，许多关于制造飞机或者其他运输工具的危险工作，都可以被计算机虚拟世界所替代，在那个虚拟世界里，最危险的情况也不过就是需要重启计算机。

气象学家也参与进来，用地球大气的虚拟模型来预测（考虑到成本，这种预测总是有着离奇的不精确性）几天之后的天气情况。

计算机模拟喷气式飞机起飞

互联网

人们可能会觉得有互联网存在，就可以一起谈论最喜欢的电视剧，这倒也没什么错。但是互联网真正的强大力量在于，它可以让我们和几乎世界上所有地方的所有人迅速地交换信息。那么，到底什么是互联网呢？

互联网的历史

互联网曾被称为网际网络。它的前身叫作阿帕网络，是

20世纪70年代美国军方为了保证战时通信整体顺畅的产物。最初，互联网用于大学和其他研究机构之间，用来连接他们的主计算机，便于分享数据。

当1973年阿帕网络覆盖了整个大西洋地区时，整个欧洲的学术机构也有机会接入了这一网络。英国科学家蒂姆·伯纳斯·李于20世纪80年代发明了万维网，使得大众都可以接入网络。而1991年，第一个互联网服务提供商（ISP）开始通过标准电话系统为大众提供较为平价的上网收费标准。这个时间点很幸运，因为1990年阿帕网络正式关闭了，或者说美国军方宣布阿帕网关闭了。

互联网如何运作

想要理解互联网的命令结构，想象一个族谱可能会对你有所帮助。最上端是路由器。这些计算机通过高速光纤电缆和卫星线路相互通信。尽管这些路由器已经自身组成了一个网络，但它们也承担着将世界各处其他网络联结起来的职责。这些网络大多数都由ISP控制，连接起成千上万台家庭计算机，为世界上任何角落提供互联网的接入服务。

数据，不管是电子邮件、网页或是附件，都在互联网中以"数据包"的形式传送。数据包是相对来说较少量的一部分信息，它们被贴上了数字标签信息用来说明数据包的目的地址。一旦被释放到网络中，这些数据包就会寻找最快路径到达它们的目的地址，然后再被重新排列成正确的顺序，形成完整的文件。

术语	术语意义
TCP/IP 协议	传输控制协议 / 网际协议，允许信息在不同网络间进行传输
URL	统一资源定位系统，每一个网页都有唯一地址
HTML	超文本标记语言，目前网页所用的主要编程语言
HTTP	超文本传输协议，允许超文本网页在互联网中传播
ISP	互联网服务提供商，向用户提供接入、导航、信息服务的经营者
JPEG	联合图像专家组，静态影像压缩标准，一种互联网服务提供商认可的标准压缩模式，可在互联网中进行数字影像传输
MPEG	动态图像专家组，动态影像压缩标准，令视听传播进入数码化时代
MODEM	调制解调器，一种数模转换器，可以使计算机通过电话系统接入互联网
POP	入网点，即互联网服务提供商的电话号码，每次你接入互联网时你的计算机都会拨打这个号码
MP3	音频压缩技术，用来大幅度降低音频数据量

病毒

计算机病毒，正如其名，就像在人类和动物之间传播的病毒一样在计算机之间传播。它们本质上就是一些不断自我复制的程序，能够阻碍或破坏计算机和网络的正常工作。

计算机病毒常常藏身于安全文件身后，有一段时期，最常见的发送病毒的方式就是通过电子邮件附件——一种现代的特洛伊木马。现在大多数用户已经知道了这种病毒，并且不再打开未知发件人来的附件了。这种病毒一旦入侵了计算机的操作系统，它就可以命令主程序去做任何事。它有可能对你的计算机没有多大损害，只是造成点小麻烦，但也可能会让你的计算机直接瘫痪。

计算机病毒可以通过数据存储设备、局域网或是任何一种无保护的线上系统传播，常常造成严重的后果。2000 年一种叫作"爱虫"的一点也不可爱的病毒感染了很多计算机，使它们的电子邮件系统瘫痪。现在大多数计算机局域网和很多家庭计算机系统都已经装上了防火墙，只要这层保护按时更新，最好是每天更新，就可以阻挡来自病毒的攻击。

互联网使用率

几乎当供应商开始向拥有家庭计算机的人提供互联网接入服务的同时，互联网使用率就开始爆炸式地增长。在 20 世纪 90 年代还只有几百个网站，而到了 20 世纪末，已经出现了 2500 万个网站了。

与此同时，拥有注册互联网地址的用户数量也从 1993 年的一百多万飙升到了 20 世纪末的 1 亿。现在已经出现了 46 亿多网络用户⊖，无怪乎学术界会为了加强不同研究团队之间的沟通而建立起了一个叫作"阿比林"的网络。

⊖ 2020 年统计数据。

逻辑、混沌理论与分形

柏拉图对数学的影响

虽然是作为一名哲学家而闻名于世，但柏拉图对于数学也有着浓厚的兴趣。和其他同时代的人一样，他坚信宇宙的真理埋藏在数字和图形之中，等着人们去发掘。

柏拉图对与他同时代以及他之后的数学家们产生了巨大的影响。所以在这个时代，产生了我们所熟知的大量数学概念、假设和公理。

欧几里得几何

不过，当我们谈论传统几何的时候，我们实际上说的是欧几里得几何。欧几里得被人们认为是最重要的古希腊数学家，他著有《几何原本》一书，共 13 卷，在书中，欧几里得通过几个简单的定理奠定了几何学的基础。

这本书的影响力如此之大，以至于直到 19 世纪宇宙新观点兴起之前都没有受到过任何挑战，几何几乎就被定义成了欧几里得几何。而 19 世纪和之后的数学则被称为非欧几何。

非欧几何

欧几里得几何中的致命弱点就在于它对二维和三维物体

的论述。在欧几里得几何体系中，如果要在沙地上画一个三角形进行分析，就必须引入误差，因为在欧几里得几何体系中，没有考虑到三角形是画在一个曲面上的（而我们的星球可是个球体）。

19世纪德国数学家卡尔·弗雷德里克·高斯或许是第一个怀疑几何学真理的人。当基础一旦被动摇，欧几里得几何体系就开始崩塌了。压死骆驼的最后一根稻草来自波恩哈德·黎曼，他进一步发展了高斯关于物体表面固有曲率的思想。

黎曼认为我们应该忽略欧几里得几何，而去独立考虑每一个表面。这一想法对数学世界产生了深远的影响，它去除了先验推理的束缚，保证了未来所有对于宇宙几何学真理的研究都至少有一部分是经验性的。它也为研究多维空间提供了一种利用微积分调整的方法论。

物理学和场方程

19世纪数学的另一个引人入胜的发展是它在后来被称为物理学的新科学分支中的严格应用。

当迈克尔·法拉第在19世纪上半叶忙活着研究电磁感应和电磁转动现象的时候，对他的称呼，还是自然哲学家。物理学，作为科学的一个分支，那时候还尚未被命名。尽管法拉第经常被认为是伟大的物理学家之一，事实上这位著名人物却并不是。他的数学技巧，如他自己所承认的那样，并没好到那个程度。

一个名叫詹姆斯·克拉克·麦克斯韦的苏格兰数学家为法拉第的电磁实验做出了数学解释。之后他又研究了电磁场的属性。他做出了数学结论，即电磁波以光速传播，并且光就是电磁波的一种形式。

麦克斯韦的想法激进又富有挑战性（同时代的很多人都觉得他的数学解法太难了）。这些研究结果大部分被忽略了，直到 1886 年，当德国物理学家海因里希·赫兹再次确认了电磁波——这回是以无线电波的形式——是以光速传播的。

在他对电磁场的研究中，麦克斯韦提出了电磁学方程组，他的方程组经受住了相对论和量子力学的轮番考验。

混沌理论

如果一只蝴蝶在水汽蒸腾的亚马孙丛林里扇动翅膀，那么你家的房顶会不会被龙卷风刮走呢？有可能……

混沌理论研究的是混沌系统中的各种行为，比如说，在那个系统中，很多因素有可能会，也有可能不会对最终结果产生影响。有一些系统，例如我们地球的天气系统对于初始输入的参数是如此敏感（或许也就是一只蝴蝶扇动翅膀），以至于要去预测最终结果几乎是不可能的。正是因为如此，我们无法对长期的天气情况做出准确的预测。

其他类似有混沌行为的系统还包括经济。毕竟，如果我们能够对股市做出长期精确的预测，那么你们现在盯着的就会是一页白纸，而我则会在看纽约上东区的不动产了。

混沌的概念并不新鲜。道家认为，宇宙就是在原始混沌中，由"阴"与"阳"持续地做着不可预测的摆动而形成的。在科学文明之前的世界中，人们则会把事物的这种混沌属性归因于他们的各位神祇。

直到最近，为了解释这种表面上的混沌，科学界一直试图将整个宇宙套用进一个如钟表般的机械模型里去，在这个模型中，一切都可以通过经验和数学的组合来量化（和预测）。然而到了 20 世纪，人们开始明白这是不可能的。

混沌理论承认了某些系统具有不可预测的性质，但同时却将混沌属性当作理解这种系统的钥匙。混沌理论是数学的一个新的分支，它或许将在未来解开更多宇宙的奥秘。

奇异吸引子和蝴蝶效应

大多数简单的系统图像都可以显示简单吸引子。这些规则的环状物可以用来描述可预测的重复循环的行为。然而，当系统混沌化的时候，这些环状物就会开始拉伸变形。有一种特殊图形，叫作奇异吸引子，它可以用来描述混沌系统。它并不像其他普通图像一样，因为它更加复杂化，所以有着自己独有的美感。

下面这幅图呈现的是洛伦兹吸引子，它是基于可能出现的天气情况而绘制的。天气系统错综复杂又难以预测，而根据天气系统绘制的图像却像极了一只蝴蝶，这可真是奇怪。

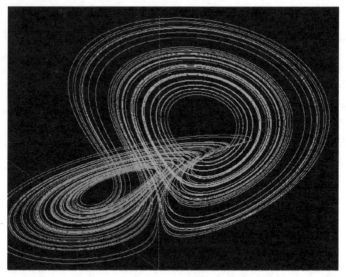

洛伦兹吸引子

这个特别的奇异吸引子是根据它的创造者命名的，即气象学家爱德华·洛伦兹，他首先提出了蝴蝶扇动翅膀可能会对天气产生巨大的影响。

混沌理论的应用

混沌理论非常好，但是它有什么用呢？它能为我们做什么？混沌理论还处于应用早期，但是到目前为止，它已经应用到了如下这些领域：

混沌理论的应用

- 湍流

- 不规则心跳

- 对流模式（尤其与太阳相关）

- 小行星带里的间隙

- 滴水的水龙头

- 天气模式

- 神经科学

- 气体运动

- 量子不确定性

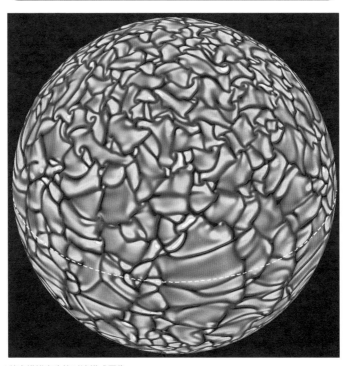

数字模拟产生的对流模式图像

分形

　　数学家们认为，分形是一种复杂的几何形状。分形学习的重点概念在于其自相似性。一个自相似的物体中的每一个组成部分都与其整体相似。我们可以在自然界中找到很多这种现象，例如蕨类植物。如果你仔细观察蕨类植物的叶片，你就会发现，即使最小的叶片部分也和整体的形状相似。令人惊讶的是，这种相似现象直到显微镜级别都还存在着。

　　蕨类植物的分形现象就静静地等在那里让你来发现。然而自然界中还有些其他分形现象，直到现在我们都无法把握。我们都抬头看过天上的云彩，但谁能说出它们有多大？那是

在蕨类植物的叶片上可以观察到分形现象

一片远远飘来的大云彩，还是一片近处的小云彩？

对于云彩来说这毫无区别。它可以有一千米宽，也可以有 100 千米宽，然而它还是一片云彩。这种尺度独立性可以从统计学的角度来分析，就会产生统计自相似性。或许，尺度独立性最令人激动之处就在于，自然界中很多表面上看起来是混沌随机的形状，例如山川、树木，甚至是宇宙中万物的排布，都存在着这种尺度独立性。

分形几何

分形几何可以非常方便地描述非欧几何的不规则形状，也由此，分形的概念激发出了一个全新的几何体系。从此之后，分形几何开始跨越了数学的界限，进入到了物理、化学、流体力学等不同领域。

分形几何最令人激动的应用领域之一是统计力学。它十分适用于研究表面上显示出混沌性的系统，例如宇宙中星系团的分布。

科赫曲线

科赫曲线是相对比较简单的一种分形图，它是由等边三角形的迭代绘制出的。首先，先将两个等边三角形互相倒置叠放。靠外一条边被分为三段，而每个三段中的中段则成为新等边三角形的底边。这个过程不断重复，直到整个图形成为一条分形曲线。

将分形几何应用于星系团的分布特征研究

科赫曲线前四步

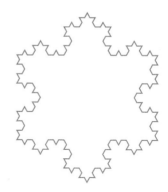

科赫曲线形成的雪花模型

曼德博集

分形这个词是 1975 年由一位波兰出生的数学家曼德博创造的。他设计出了最著名的分形图，叫作曼德博集。它是一种只存在于纯数学世界中的美妙图形，好在我们也可以借助计算机图像来呈现它。

曼德博集是重复如下等式而得到的：

$$z = z^2 + c$$

这个简单的等式十分具有欺骗性，实际上其中的变量 z 和 c 却是很复杂的数字。在曼德博集的计算机图像里，重复的等式得到了不同的最终数值，每种数值以不同颜色呈现。

如果没有现代计算机，是不可能绘制出这张图的，而同样的，即使有了现代计算机，如果没有分形算法，也一样无法绘制出曼德博集。分形算法从分形几何发展而来，用来产生自然界中的那些复杂而不规律的形状，大多数情况下，出现在我们的计算机屏幕上。

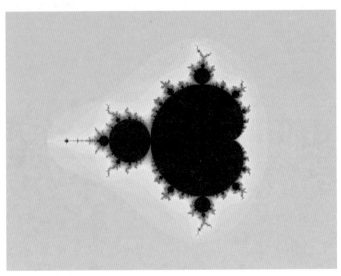

计算机生成的曼德博集

如果你近距离仔细观察曼德博集的任意一部分，你就会发现它符合自相似性，并且非常类似于自然界中的混沌形态，例如冰层裂缝，或者冬天时窗户上结的霜。

朱利亚集

朱利亚集（根据加斯顿·朱利亚命名）是一种定义在复数平面上形成分形的点的集合。它们与曼德博集关系紧密，并且也可以用不同颜色来指代不同的迭代结果。

分形维数

分形的一个关键属性就是分形维数，它对于我们如何理解复杂的非欧几何十分重要。分形世界中的维数与欧几里得世界中的维度的概念完全不同。分形维数是一个恒定不变的参数，不管被放大多少倍或从哪个角度观测，这个维数都是不变的。如果我们观察一条分形曲线，就会发现，在这条曲线的任意阶段，曲线周长都按照 4:3 的比例增长。如果我们把分形维数称为 D，那么我们会发现，D 的值应是使得周长从 3 增长到 4 所须增加的数值，于是有以下等式：

$$3^D = 4$$

常用知识

平方和立方

数字	平方	立方	数字	平方	立方
1	1	1	11	121	1331
2	4	8	12	144	1728
3	9	27	13	169	2197
4	16	64	14	196	2744
5	25	125	15	225	3375
6	36	216	16	256	4096
7	49	343	17	289	4913
8	64	512	18	324	5832
9	81	729	19	361	6859
10	100	1000	20	400	8000

罗马数字

罗马数字	阿拉伯数字	罗马数字	阿拉伯数字	罗马数字	阿拉伯数字
I	1	XV	15	XC	90
II	2	XIX	19	IC	99
III	3	XX	20	C	100
IV	4	XXIX	29	CIC	199
V	5	XXX	30	CC	200
VI	6	XL	40	CD	400
VII	7	IL	49	D	500
VIII	8	L	50	DC	600
IX	9	LIX	59	DCC	700
X	10	LX	60	CMLIII	953
XI	11	LXVIII	68	M	1000
XIV	14	LXIX	69	MMIX	2009

二维、三维图形的面积和体积

二维图形

圆形

r= 半径

周长 =2πr
面积 =πr²

三角形

h= 高度
a, b, c 为边
b 为底边

周长 =a+b+c
面积 =bh/2

长方形

a, b 为边

周长 =2(a+b)
面积 =ab

三维图形

圆柱体

h= 高度

r= 半径

表面积 = 2πr² + 2πrh
体积 =πr²h

圆锥体

h= 高度

r= 半径

l 为边

表面积 =πrl+πr²
体积 =πr²h/3

立方体

a 为边

表面积 =6a²
体积 =a³

长方体

a, b, c 为边

表面积 =2(ab+bc+ac)
体积 =abc

球体

r 为半径

表面积 =4πr²
体积 =4πr³/3

正四棱锥

a 为底边
h 为高度

表面积 =a²+a√(a²+4h²)
体积 =a²h/3

转换表

公制单位到英制单位转换表

公制单位	英制单位	单位换算
厘米	英寸	1 厘米 =0.3937 英寸
米	英尺	1 米 =3.2808 英尺
千米	英里	1 千米 =0.6214 英里
米	码	1 米 =1.0936 码
克	盎司	1 克 =0.03527 盎司
千克	磅	1 千克 =2.2046 磅
吨	英吨	1 吨 =0.9843 英吨
平方厘米	平方英寸	1 平方厘米 =0.1550 平方英寸
平方米	平方英尺	1 平方米 =10.7639 平方英尺
公顷	英亩	1 公顷 =2.4711 英亩
平方千米	平方英里	1 平方千米 =0.3861 平方英里
平方米	平方码	1 平方米 =1.1960 平方码
立方厘米	立方英寸	1 立方厘米 =0.0610 立方英寸
立方米	立方英尺	1 立方米 =35.3147 立方英尺
升	英加仑	1 升 =0.22 英加仑

英制单位到公制单位的转换表

英制单位	公制单位	单位换算
英寸	厘米	1 英寸 =2.5400 厘米
英尺	米	1 英尺 =0.3048 米
英里	千米	1 英里 =1.6093 千米
码	米	1 码 =0.9144 米

（续）

英制单位	公制单位	单位换算
盎司	克	1 盎司 =28.3495 克
磅	千克	1 磅 =0.4536 千克
英吨	吨	1 英吨 =1.0160 吨
平方英寸	平方厘米	1 平方英寸 =6.4516 平方厘米
平方英尺	平方米	1 平方英尺 =0.0929 平方米
英亩	公顷	1 英亩 =0.4047 公顷
平方英里	平方千米	1 平方英里 =2.5900 平方千米
平方码	平方米	1 平方码 =0.8361 平方米
立方英寸	立方厘米	1 立方英寸 =16.3934 立方厘米
立方英尺	立方米	1 立方英尺 =0.0283 立方米
英加仑	升	1 英加仑 =4.5461 升

国际单位及其定义

国际单位	定义
1 米	1/299792458 秒内光在真空中传播的距离
1 千克	普朗克常数为 6.626×10^{-34} 焦·秒时的质量
1 秒	铯 –133 原子在基态下的两个超精细能级之间跃迁所对应辐射的 9192631770 个周期的时间
1 安培	1 安培是某点处 1 秒内通过 1 库仑电荷的电流
1 开尔文	玻尔兹曼常数为 1.380649×10^{-23} 焦 / 开尔文时的热力学温度
1 坎德拉	一光源在给定方向上发出频率为 540×10^{12} 赫兹单色光光源的发光强度
1 摩尔	精确包含 6.022×10^{23} 个原子或分子等基本单元的系统的物质的量

国际单位数量级

倍数	词头	符号
1/1000000000000000000（10^{-18}）	阿	a
1/1000000000000000（10^{-15}）	飞	f
1/1000000000000（10^{-12}）	皮	p
1/1000000000（10^{-9}）	纳	n
1/1000000（10^{-6}）	微	μ
1/1000（10^{-3}）	毫	m
1/100（10^{-2}）	厘	c
1/10（10^{-1}）	分	d
10	十	da
100（10^{2}）	百	h
1000（10^{3}）	千	k
1000000（10^{6}）	兆	M
1000000000（10^{9}）	吉	G
1000000000000（10^{12}）	太	T
1000000000000000（10^{15}）	拍	P
1000000000000000000（10^{18}）	艾	E

小知识 1875 年 5 月 20 日，为了实行统一标准的计量体系，来自 17 个国家的代表签署了《国际米制公约》，之后改名为《国际单位制公约》。这一体系在 1921 年和 1960 年分别重新修订。目前已有 48 个国家签署了这一公约。

国际单位表

物理量	单位名称	符号
辐射吸收剂量	戈瑞	Gy
物质的量	摩尔	mol
电容	法拉	F
电荷	库仑	C
电导	西门子	S
电流	安培	A*
电阻	欧姆	Ω
能量或功	焦耳	J
力	牛顿	N
频率	赫兹	Hz
光照度	勒克斯	lx
电感	亨利	H
光通量	流明	lm
发光强度	坎德拉	cd
磁通量	韦伯	Wb
磁感应强度	特斯拉	T
平面角	弧度	rad
压强	帕斯卡	Pa
辐射剂量当量	希沃特	Sv
辐射照射量	未定	未定
放射性活度	贝克勒尔	Bq
热力学温度	开尔文	K

* 在吉尼斯世界纪录中将其定义为磁动力

正弦、余弦和正切表

角度 / (°)	sin	cos	tan
0	0	1	0
1	0.0175	0.9998	0.0175
2	0.0349	0.9994	0.0349
3	0.0523	0.9986	0.0524
4	0.0698	0.9976	0.0699
5	0.0872	0.9962	0.0875
6	0.1045	0.9945	0.1051
7	0.1219	0.9925	0.1228
8	0.1392	0.9903	0.1405
9	0.1564	0.9877	0.1584
10	0.1736	0.9848	0.1763
11	0.1908	0.9816	0.1944
12	0.2079	0.9781	0.2126
13	0.2250	0.9744	0.2309
14	0.2419	0.9703	0.2493
15	0.2588	0.9659	0.2679
16	0.2756	0.9613	0.2867
17	0.2924	0.9563	0.3057
18	0.3090	0.9511	0.3249
19	0.3256	0.9455	0.3443
20	0.3420	0.9397	0.3640
21	0.3584	0.9336	0.3839

（续）

角度/（°）	sin	cos	tan
22	0.3746	0.9272	0.4040
23	0.3907	0.9205	0.4245
24	0.4067	0.9135	0.4452
25	0.4226	0.9063	0.4663
26	0.4384	0.8988	0.4877
27	0.4540	0.8910	0.5095
28	0.4695	0.8829	0.5317
29	0.4848	0.8746	0.5543
30	0.5000	0.8660	0.5774
31	0.5150	0.8572	0.6009
32	0.5299	0.8480	0.6249
33	0.5446	0.8387	0.6494
34	0.5592	0.8290	0.6745
35	0.5736	0.8192	0.7002
36	0.5878	0.8090	0.7265
37	0.6018	0.7986	0.7536
38	0.6157	0.7880	0.7813
39	0.6293	0.7771	0.8098
40	0.6428	0.7660	0.8391
41	0.6561	0.7547	0.8693
42	0.6691	0.7431	0.9004
43	0.6820	0.7314	0.9325
44	0.6947	0.7193	0.9657

（续）

角度 / (°)	sin	cos	tan
45	0.7071	0.7071	1.0000
46	0.7193	0.6947	1.0355
47	0.7314	0.6820	1.0724
48	0.7431	0.6691	1.1106
49	0.7547	0.6561	1.1504
50	0.7660	0.6428	1.1918
51	0.7772	0.6293	1.2349
52	0.7880	0.6157	1.2799
53	0.7986	0.6018	1.3270
54	0.8090	0.5878	1.3764
55	0.8192	0.5736	1.4281
56	0.8290	0.5592	1.4826
57	0.8387	0.5446	1.5399
58	0.8480	0.5299	1.6003
59	0.8572	0.5150	1.6643
60	0.8660	0.5000	1.7321
61	0.8746	0.4848	1.8040
62	0.8829	0.4695	1.8807
63	0.8910	0.4540	1.9626
64	0.8988	0.4384	2.0503
65	0.9063	0.4226	2.1445
66	0.9135	0.4067	2.2460
67	0.9205	0.3907	2.3559

（续）

角度 /（°）	sin	cos	tan
68	0.9272	0.3746	2.4751
69	0.9336	0.3584	2.6051
70	0.9397	0.3420	2.7475
71	0.9455	0.3256	2.9042
72	0.9511	0.3090	3.0777
73	0.9563	0.2924	3.2709
74	0.9613	0.2756	3.4874
75	0.9659	0.2588	3.7321
76	0.9703	0.2419	4.0108
77	0.9744	0.2250	4.3315
78	0.9781	0.2079	4.7046
79	0.9816	0.1908	5.1446
80	0.9848	0.1736	5.6713
81	0.9877	0.1564	6.3138
82	0.9903	0.1392	7.1154
83	0.9926	0.1219	8.1443
84	0.9945	0.1045	9.5144
85	0.9962	0.0872	11.4301
86	0.9976	0.0698	14.3007
87	0.9986	0.0523	19.0811
88	0.9994	0.0349	28.6363
89	0.9998	0.0175	57.2900
90	1	0	无穷大

数学符号

符号	含义	符号	含义
+	加	∞	无穷大
−	减	Σ	求和
×	乘	$\vec{v}$	向量
÷	除	$f(x)$	函数
=	等于	!	阶乘
≠	不等于	$\sqrt{\ }$	平方根
>	大于	A ∩ B	交集
<	小于	A ∪ B	并集
⩾	大于等于	A ⊂ B	子集
⩽	小于等于	φ	空集

代数基本规则

表达式	动作	表达式变形
$a+a$	简单加法	$2a$
$a+b=c+d$	两边同减 b	$a=c+d-b$
$ab=cd$	两边同除以 b	$a=cd/b$
$(a+b)(c+d)$	括号内各项相乘	$ac+ad+bc+bd$
a^2+ab	加括号	$a(a+b)$
$(a+b)^2$	去括号	$a^2+2ab+b^2$
a^2-b^2	平方差公式	$(a+b)(a-b)$
$1/a+1/b$	通分母	$(a+b)/ab$
$a/b \div c/d$	除转乘	$a/b \times d/c$

地壳中的元素

元素	含量（%）	元素	含量（%）
氧	48.60	钠	2.74
硅	26.30	钾	2.47
铝	7.73	镁	2.00
铁	4.75	氢	0.76
钙	3.45	其他	1.2

常见物质的化学名称和化学式

常用名称	化学名称	化学式
水	氧化氢	H_2O
盐	氯化钠	$NaCl$
小苏打	碳酸氢钠	$NaHCO_3$
漂白粉	次氯酸钙	$Ca(ClO)_2$
酒精	乙醇	C_2H_5OH
醋酸	乙酸	CH_3COOH
维生素 C	L- 抗坏血酸	$C_6H_8O_6$
阿司匹林	乙酰水杨酸	$C_9H_8O_4$
白糖	蔗糖	$C_{12}H_{22}O_{11}$
石灰石 / 粉笔	碳酸钙	$CaCO_3$
铁锈	三氧化二铁	Fe_2O_3

温标

被转换单位	转换为	方程式
摄氏度	华氏度	℉=（℃×9÷5）+32
华氏度	摄氏度	℃=（℉–32）×5÷9
摄氏度	开尔文	K=℃+273
开尔文	摄氏度	℃=K–273
华氏度	开尔文	K=（℉–32）×5÷9+273

元素的熔点和沸点

元素	熔点		沸点（标准大气压下）	
	℃	℉	℃	℉
汞	–39	–38	357	675
氦	–272	–458	–269	–452
钨	3410	6170	5927	10701
氮	–210	–346	–196	–321
钠	98	208	883	1621
氧	–219	–362	–183	–297
溴	–7	19	59	138
铁	1535	2795	2750	4982
碳	3500	6332	4827	8721
金	1063	1945	2856	5173

离子和根

名称	化学式	名称	化学式
氢离子	H^+	银离子	Ag^+
钠离子	Na^+	锌离子	Zn^{2+}
钾离子	K^+	铵根	NH_4^+
镁离子	Mg^{2+}	水合氢离子	H_3O^+
钙离子	Ca^{2+}	氧离子	O^{2-}
铝离子	Al^{3+}	硫离子	S^{2-}
亚铁离子（二价）	Fe^{2+}	氟离子	F^-
铁离子（三价）	Fe^{3+}	氯离子	Cl^-
亚铜离子（一价）	Cu^+	碘离子	I^-
铜离子（二价）	Cu^{2+}	氢氧根离子	OH^-

从地球上看到的 10 颗亮度最高的恒星

名称	学名	视星等	绝对星等	与地球之间的距离（光年）	光谱类型
太阳	太阳	−26.72	4.8	0.00002	G2V
天狼星	大犬座 α	−1.46	1.5	8.6	A1V
老人星	船底座 α	−0.72	−5.5	309	A9Ⅱ
南门二	半人马座 α	−0.27	4.4	4.4	G2V
大角星	牧夫座 α	−0.04	−0.2	37	K2Ⅲ

（续）

名称	学名	视星等	绝对星等	与地球之间的距离（光年）	光谱类型
织女星	天琴座 α	0.03	0.6	25	A0Va
五车二	御夫座 α	0.08	0.2	42	G3Ⅲ
参宿七	猎户座 β	0.18	−6.9	863	B8Iab
南河三	小犬座 α	0.38	2.6	11.5	F5Ⅳ–V
水委一	波江座 α	0.46	−2.8	144	B6Vpe

地震的测量

表氏震级	反应
1	人感觉不到，但能被仪器捕捉记录；门可能会摇晃
2~4	室内和部分室外的人能够感觉到
5~6	室外所有人或大部分人都能感觉到；建筑物摇晃，书从书架上掉落
7~8	树枝从树上掉落，很难驾车行驶
9~10	路面出现裂缝；建筑及桥梁坍塌
11~12	仅有很少建筑未倒塌；地表能看见地震波；河流可能改道
里氏震级	反应
1~3	用仪器可以感知
4	震中周围 32 千米以内能够感知
5	可能对建筑物产生微小的损害；设计不良的建筑物可能受损

（续）

里氏震级	反应
6	对设计较合理的建筑物仍能产生一定的损害
7	大地震
8~9	极具破坏性的大地震，对方圆数百千米造成严重损害

物理符号

符号	含义	符号	含义
α	阿尔法粒子	μ	磁导率
β	贝塔粒子	ν	频率；中微子
γ	伽马射线	ρ	密度；电阻率
ε	电动势	σ	电导率
η	效率；黏度	c	光速
λ	波长		

物理公式

重量

重量等于质量乘以重力加速度

$$W=mg$$

其中，W 为重量，m 为质量，g 为重力加速度。

压强

压强等于作用力除以受力面积

$$P = F/A$$

其中，P 为压强，F 为作用力，A 为受力面积。

力矩

力矩等于作用力乘以力臂

$$M = Fl$$

其中，M 为力矩，F 为作用力，l 为力臂。

牛顿第二定律

加速度等于作用力除以质量

$$a = F/m$$

其中，a 为加速度，F 为作用力，m 为质量。

速度

速度等于距离除以时间

$$v = s/t$$

其中，v 为速度，s 为距离，t 为时间。

加速度

加速度等于速度变化除以速度变化所需时间

$$a = (v_2 - v_1)/t$$

其中，a 为加速度，v_1 为初始速度，v_2 为最终速度，t 为速度变化所需时间。

动量

动量等于质量乘以速度

$$p = mv$$

其中，p 为动量，m 为质量，v 为速度。

摩擦力

两个表面之间的摩擦力等于摩擦系数乘以两个表面之间的正压力

$$F = \mu N$$

其中，F 为摩擦力，μ 为摩擦系数，随材质不同而不同，N 为两个表面之间的正压力。

液压（液体压强）

液压等于液体密度乘以重力加速度乘以液体深度

$$P = \rho g h$$

其中，P 为液体压强，ρ 为液体密度，g 为重力加速度，h 为液体深度。

引力

引力等于万有引力常数乘以物体 1 的质量，乘以物体 2 的质量，除以两个物体之间距离的平方

$$F = G m_1 m_2 / d^2$$

其中，F 为两个物体之间的引力，G 为万有引力常数，m_1 为物体 1 的质量，m_2 为物体 2 的质量，d 为两个物体之间的距离。

向心力

向心力等于质量乘以速度的平方除以半径

$$F=mv^2/r$$

其中，F 为向心力，m 为质量，v 为物体旋转速度，r 为物体旋转半径。

功

功等于作用力乘以距离

$$W=Fs$$

其中，W 为功，F 为作用力，s 为做功距离。

弹性

固体的弹性形变与其受到的作用力成正比

$$F=kx$$

其中，F 为作用力，x 为形变位移。

电流

电流等于电压除以电阻

$$I=U/R$$

其中，I 为电流，U 为电压，R 为电阻。

功率

功率等于电压乘以电流

$$P=UI$$

其中，P 为功率，U 为电压，I 为电流。

常用的分数、小数和百分比

分数	小数	百分比
1/2	0.5	50%
1/4	0.25	25%
3/4	0.75	75%
1/5	0.2	20%
1/10	0.1	10%
1/100	0.01	1%
1/8	0.125	12.5%
1/3	0.333⋯	33.3%
2/3	0.66⋯	66.7%

计算机代码

十进制数	二进制数	十六进制数	ASCII 码	ASCII 字符
0	00000000	00	00000000	NUL*
1	00000001	01	00000001	SOH*
2	00000010	02	00000010	Start of text*
9	00001001	09	00001001	HT*
10	00001010	0A	00001010	Line feed*
11	00001011	0B	00001011	VT*
12	00001100	0C	00001100	Form feed*

（续）

十进制数	二进制数	十六进制数	ASCII 码	ASCII 字符
13	00001101	0D	00001101	Carriage return*
14	00001110	0E	00001110	SO*
15	00001111	0F	00001111	SI*
16	00010000	10	00010000	DLE*
17	00010001	11	00010001	DC1*
18	00010010	12	00010010	DC2*
32	00100000	20	00100000	Space
33	00100001	21	00100001	!
34	00100010	22	00100010	"
64	01000000	40	01000000	@
65	01000001	41	01000001	A
66	01000010	42	01000010	B
119	01110111	77	01110111	w
120	01111000	78	01111000	x
121	01111001	79	01111001	y
122	01111010	7A	01111010	z
123	01111011	7B	01111011	{

* 控制字符（非打印）